과학공화국
화학법정

2
물질의 구성

과학공화국 화학법정 2
물질의 구성

ⓒ 정완상, 2006

초판 1쇄 발행일 | 2006년 12월 5일
초판 22쇄 발행일 | 2024년 11월 1일

지은이 | 정완상
펴낸이 | 정은영

펴낸곳 | (주)자음과모음
출판등록 | 2001년 11월 28일 제2001-000259호
주소 | 10881 경기도 파주시 회동길 325-20
전화 | 편집부 (02)324-2347 경영지원부 (02)325-6047
팩스 | 편집부 (02)324-2348 경영지원부 (02)2648-1311
e - mail | jamoteen@jamobook.com

ISBN 978-89-544-1363-3 (04430)

과학공화국 화학법정

화학법정

2 물질의 구성

정완상(국립 경상대학교 교수) 지음

|주|자음과모음

생활 속에서 배우는
기상천외한 과학 수업

화학과 법정, 이 두 가지는 전혀 어울리지 않는 소재입니다. 그리고 여러분에게 제일 어렵게 느껴지는 말들이기도 하지요. 그럼에도 불구하고 이 책의 제목에는 분명 '화학법정'이라는 말이 들어 있습니다. 그렇다고 이 책의 내용이 아주 어려울 거라고는 생각하지 마세요. 저는 법률과는 무관한 기초과학을 공부하는 사람입니다. 그런데도 법정이라고 제목을 붙인 데에는 이유가 있습니다.

또한 독자들은 왜 물리학 교수가 화학과 관련된 책을 쓰는지 궁금해 할지도 모릅니다. 하지만 저는 대학과 KAIST 시절 동안 과외를 통해 화학을 가르쳤습니다. 그러면서 어린이들이 화학의 기본 개념을 잘 이해하지 못해 화학에 대한 자신감을 잃었다는 것을 알았습니다. 그리고 또 중·고등학교에서 화학을 잘하려면 초등학교 때부터 화학의 기초가 잡혀 있어야 한다는 것을 알아냈습니다. 이 책은 주 대상이 초등학생입니다. 그리고 많은 내용을 초등학교 과정에서 발췌하였습니다.

그럼 왜 화학 얘기를 하는데 법정이라는 말을 썼을까요? 그것은 최근에 〈솔로몬의 선택〉을 비롯한 많은 텔레비전 프로에서 재미있는 사건을 소개하면서 우리들에게 법률에 대한 지식을 쉽게 알려 주기 때문입니다.

그래서 화학의 개념을 딱딱하지 않게 어린이들에게 소개하고자 법정을 통한 재판 과정을 도입하였습니다. 물론 첫 시도이기 때문에 어색한 점도 있지만 독자들이 아주 쉽게 화학의 기본 개념을 정복할 수 있을 것이라고 생각합니다.

여러분은 이 책을 재미있게 읽으면서 생활 속에서 화학을 쉽게 적용할 수 있을 것입니다. 그러니까 이 책은 화학을 왜 공부해야 하는가를 알려 준다고 볼 수 있지요.

화학은 가장 논리적인 학문입니다. 그러므로 화학법정의 재판 과정을 통해 여러분은 화학의 논리와 화학의 정확성을 알게 될 것입니다. 이 책을 통해 어렵다고만 생각했던 화학이 쉽고 재미있다는 걸 느낄 수 있길 바랍니다.

물론 이 책은 초등학교 대상이지만 만일 기회가 닿으면 중·고등학교 수준의 좀 더 일상생활과 관계있는 책도 쓰고 싶습니다.

끝으로 과학공화국이라는 타이틀로 여러 권의 책을 쓸 수 있게 배려해 주신 (주)자음과모음의 강병철 사장님과 모든 식구에게 감사를 드리며 힘든 작업을 마다하지 않고 함께 작업을 해 준 이나리, 조민경, 김미영, 윤소연, 정황희, 도시은, 손소희 양에게도 진심으로 감사를 드립니다.

진주에서

정완상

| 차례 |

화학법정의 탄생

과학공화국이라고 부르는 나라가 있었다. 이 나라는 과학을 좋아하는 사람이 모여 살고 인근에는 음악을 사랑하는 사람들이 살고 있는 뮤지오 왕국과 미술을 사랑하는 사람들이 사는 아티오 왕국, 공업을 장려하는 공업공화국 등 여러 나라가 있었다.

과학공화국은 다른 나라 사람들에 비해 과학을 좋아했지만 과학의 범위가 넓어 어떤 사람은 물리를 좋아하는 반면 또 어떤 사람은 반대로 화학을 좋아하기도 했다.

특히 다른 모든 과학 중에서 환경과 밀접한 관련이 있는 화학의 경우 과학공화국의 명성에 맞지 않게 국민들의 수준이 그리 높은 편은 아니었다. 그리하여 공업공화국의 아이들과 과학공화국의 아이들이 화학 시험을 치르면 오히려 공업공화국 아이들의 점수가 더 높을 정도였다.

특히 최근 인터넷이 공화국 전체에 퍼지면서 게임에 중독된 과학공화국 아이들의 화학 실력은 기준 이하로 떨어졌다. 그것은 직접 실험을 하지 않고 인터넷을 통해 모의실험을 하기 때문이었다. 그러다 보니 화학 과외나 학원이 성행하게 되었고 그런 와중에 아이들에게 엉터리 내용을 가르치는 무자격 교사들도 우후죽순으로 나타나기 시작했다.

화학은 일상생활의 여러 문제에서 만나게 되는데 과학공화국 국민들의 화학에 대한 이해가 떨어지면서 곳곳에서 분쟁이 끊이지 않았다. 그리하여 과학공화국의 박과학 대통령은 장관들과 이 문제를 논의하기 위해 회의를 열었다.

"최근의 화학 분쟁을 어떻게 처리하면 좋겠소?"

대통령이 힘없이 말을 꺼냈다.

"헌법에 화학 부분을 좀 추가하면 어떨까요?"

법무부 장관이 자신 있게 말했다.

"좀 약하지 않을까?"

대통령이 못마땅한 듯이 대답했다.

"그럼 화학으로 판결을 내리는 새로운 법정을 만들면 어떨까요?"

화학부 장관이 말했다.

"바로 그거야. 과학공화국답게 그런 법정이 있어야지. 그래……

화학법정을 만들면 되는 거야. 그리고 그 법정에서의 판례들을 신문에 게재하면 사람들이 더 이상 다투지 않고 자신의 잘못을 인정할 수 있을 거야."

대통령은 입을 환하게 벌리고 흡족해했다.

"그럼 국회에서 새로운 화학법을 만들어야 하지 않습니까?"

법무부 장관이 약간 불만족스러운 듯한 표정으로 말했다.

"화학적인 현상은 우리가 직접 관찰할 수 있습니다. 방귀도 화학적인 현상이지요. 그것은 누가 관찰하던 같은 현상으로 보이게 됩니다. 그러므로 화학법정에서는 새로운 법을 만들 필요가 없습니다. 혹시 새로운 화학 이론이 나온다면 모를까……."

생물부 장관이 법무부 장관의 말을 반박했다.

"그래, 나도 화학을 좋아하지만 방귀 냄새는 왜 생기는 걸까?"

대통령은 화학법정을 벌써 확정짓는 것 같았다. 이렇게 해서 과학 공화국에는 화학적으로 판결하는 화학법정이 만들어지게 되었다.

초대 화학법정의 판사는 화학에 대한 책을 많이 쓴 화학짱 박사가 맡게 되었다. 그리고 두 명의 변호사를 선발했는데 한 사람은 화학과를 졸업했지만 화학에 대해 그리 깊게 알지 못하는 화치라는 이름을 가진 40대였고 다른 한 변호사는 어릴 때부터 화학 영재교육을 받은 화학 천재인 케미였다.

이렇게 해서 과학공화국 사람들 사이에서 벌어지는 많은 화학 관련 사건들이 화학법정 판결을 통해 깨끗하게 마무리될 수 있었다.

원소와 원자에 관한 사건

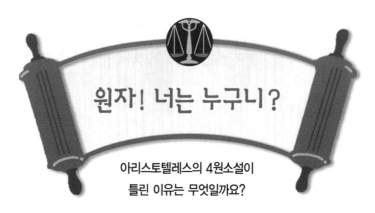

원자! 너는 누구니?

아리스토텔레스의 4원소설이
틀린 이유는 무엇일까요?

**사건
속으로**

과학공화국 남부에 있는 엘리멘트 섬은 내륙과 동떨어져
있어 마을 사람들은 새로운 과학을 접할 기회가 적었다.
이 마을의 족장은 고리타분스키라는 60세 노인이었는데
그는 기원전 시대부터 내려오는 오래된 화학을 마을 사
람들에게 가르치는 일을 맡아 왔다.

그가 가르치는 화학은 주로 기원전 시대 그리스의 아리스
토텔레스의 물질론에 관한 것이었다. 즉 세상이 네 개의
원소인 물, 불, 흙, 바람으로 이루어져 있다는 내용이다.

그래서인지 그들은 이 네 개의 원소를 신으로 섬기며 살았다.

마을 사람들은 화재가 나면 불의 신이 노한 것으로 홍수가 나면 물의 신이, 강풍이 불어 집이 날아가면 바람의 신이, 산사태가 일어나 흙이 집을 덮치면 흙의 신이 노한 것으로 생각했다.

이 마을에 사는 데모스라는 총각은 섬을 떠나 사오 년 공부한 후 다시 섬으로 들어와 아이들을 가르쳤다. 이 섬에는 학교가 없었기 때문에 그는 마을 광장에 아이들을 모아 놓고 수업을 했다.

"여러분! 아리스토텔레스의 4원소설은 낡은 이론일 뿐이에요. 사실 세상은 더 이상 쪼갤 수 없는 아주 작은 알갱이로 이루어져 있어요. 그 알갱이는 원자라고 부르지요."

아이들은 처음 들어보는 화학 이론에 뜨거운 반응을 보였다.

"4원소설이 왜 틀렸다는 거지요?"

한 아이가 질문했다.

"물, 불, 흙, 바람은 오로지 4개의 서로 대비되는 성질에 의해 설정된 원소들이에요. 예를 들어 물은 축축하고 차가운 성질을 가지고 있고 불은 건조하고 뜨거운 성질을, 흙은 건조하고 차가운 성질을, 공기는 축축하고 뜨거운 성질을 가지고 있다고 했지요. 그리고 일반적으로 이 세상의 사물 속에는 이런 서로 대비되는 성질을 가진 네 가지 물질이 섞여 있다고 생각했지요. 하지만 이 세상에는 그런 네 가지 원소만 있는 게 아니에요. 이 세상은 원자라고 부르는 더 이상 쪼갤 수 없는 아주 작은 알갱이로 이루어져 있어요."

데모스가 말했다.

아이들은 데모스의 수업을 열심히 들었고 그 내용을 부모에게 말했다. 그러자 아리스토텔레스의 이론을 믿는 족장은 데모스가 잘못된 이론을 가르친다며 그를 해고했다. 이에 데모스는 자신은 잘못한 것이 없다며 고리타분스키 족장을 화학법정에 고소했다.

더······ 더 이상은 도저히
쪼갤 수가 없어~

쪼갤 테면 쪼개 봐!
난 원자야!

물질을 쪼개고 쪼개도 더 이상 쪼개어지지 않는 작은 알갱이가 있을까요?
그게 바로 원자라는 물질입니다.

아리스토텔레스의 4원소설이 맞을까요? 데모스의 원자설이 맞을까요? 화학법정에서 알아봅시다.

화학짱 판사

화치 변호사

케미 변호사

재판을 시작합니다. 먼저 피고 측 변호사 변론하세요.

세상이 네 가지 원소인 물, 불, 흙, 바람으로 이루어져 있다는 아리스토텔레스의 이론이 얼마나 멋있습니까? 난 이 이론의 숭배자인데 정말 짱이에요.

화치 변호사! 변론다운 얘기 좀 하세요.

4원소설 가지고 설명이 안 되는 게 있으면 나와 보라고 해 봐요.

개인적으로 궁금한 게 있어요.

뭐죠?

모든 물질이 4원소로 이루어져 있는데 왜 돌멩이는 땅에 떨어지고 달은 안 떨어지는 거죠?

그건…… 증인을 요청하겠습니다.

쩝, 혼자 해결하는 건 하나도 없군!

잠시 후 고리타분스키 족장이 증인으로 나왔다.

판사님이 물은 것에 대해 답변 좀 부탁해요.

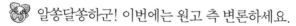

🐑 간단합니다. 아리스토텔레스님께서는 지구에 있는 모든 물질은 4개의 원소인 물, 불, 흙, 바람으로 이루어져 있지만 우주를 떠돌아다니는 달이나 별들은 지구에 없는 제5원소로 이루어져 있다고 주장했어요. 지구의 4원소는 유한한 운동을 하기 때문에 한 번 움직인 물체는 영원히 움직이지 않고 조금 움직이다가 멈추게 되지만 달은 영원히 멈추지 않는 운동을 하는 제5원소로 이루어져 있어 영원한 운동을 하지요.

🐑 알쏭달쏭하군! 이번에는 원고 측 변론하세요.

🐶 데모스 씨를 증인으로 요청합니다.

데모스 씨가 고리타분스키 족장을 한 번 노려보더니 증인석에 앉았다.

🐶 증인은 왜 4원소설이 틀렸다고 주장하는 거죠?

🐶 어찌 이 세상의 수많은 것들이 4개의 원소만으로 이루어질 수 있겠습니까? 그리고 아리스토텔레스가 주장한 네 개의 성질로 설명될 수 없는 성질을 가진 물체는 어떤 원소로 이루어져 있다고 말할 수 있을까요? 바로 이것이 제가 4원소설이 틀렸다고 주장하는 이유입니다.

🐶 좀 더 구체적으로 설명해 주세요.

🐶 설탕이 있다고 해 보죠. 설탕의 단맛은 4원소 중 어느 원소랑 관계가 있단 말입니까? 만일 설탕이 건조한 성질을 가지고 있

다면 설탕을 물에 녹였을 때 건조한 성질이 없어지니까 단맛이 사라져야 할지도 몰라요. 하지만 설탕물은 여전히 달잖아요? 이런 걸 보면 4개의 성질만이 물질의 모든 성질이 될 수는 없다고 봐요. 그래서 저는 아예 4원소설을 깨고 새로운 이론을 만든 거지요.

🐶 그게 바로 원자인가요?

🧑 그렇습니다. 원자는 아톰이지요.

🐶 아톰이라면…… 푸른 하늘 저 멀리 날아가는 우주 소년을 말하는 건가요?

🧑 헉, 정말 오랜만에 들어 보는 썰렁한 개그군! 아톰은 '더 이상 쪼개지지 않는 것'이라는 뜻을 가지고 있지요. 우리가 물질을 쪼개고 쪼개도 더 이상 쪼개어지지 않는 작은 알갱이가 있다고 난 믿어요. 그게 바로 원자이지요. 그리고 이런 원자의 종류는 아주 많고 그 성질들이 다르기 때문에 물질들의 성질이 여러 가지가 되는 거예요.

🐶 존경하는 재판장님! 아리스토텔레스의 이론은 기원전 시대에 과학이 싹트기 전에 만들어진 허무맹랑한 이론입니다. 그런데 아직도 이런 낡은 이론을 가르친다면 아이들은 과학 시대를 살아가기 힘들 수 있습니다. 그런 의미에서 엘리멘트 섬의 과학교육은 잘못되었고 데모스 씨의 해고는 부당하다고 생각합니다.

🐨 판결합니다. 과학은 끊임없이 발전하고 있고 틀린 이론은 죽고

옳은 이론이 살아남습니다. 엘리멘트 섬은 너무 고립되어 있어 새로운 과학 이론을 접할 기회가 적어서 이런 잘못된 과학교육이 이루어진 것 같습니다. 그러므로 옳은 과학 이론을 가르친 데모스 선생의 해고는 부당하다고 판결합니다.

재판 후 엘리멘트 섬에는 현대적인 학교가 세워졌고 데모스 씨는 교장 선생님이 되었다. 그는 정부의 지원을 받아 여러 명의 현대 과학을 전공한 교사를 데리고 왔고 엘리멘트 섬의 아이들은 제대로 된 과학교육을 받을 수 있었다. 그리고 몇 년 후 엘리멘트 섬의 오케미라는 학생이 국제 화학 올림피아드 대회에서 금메달을 따는 영광을 누리게 되었다.

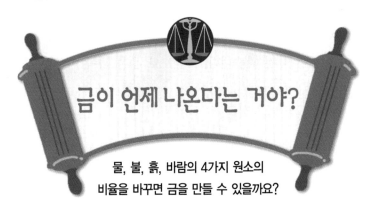

금이 언제 나온다는 거야?

**물, 불, 흙, 바람의 4가지 원소의
비율을 바꾸면 금을 만들 수 있을까요?**

**사건
속으로**

김연금 씨는 오랫동안 금이 아닌 원소로 금을 만드는 시
도를 해 왔다. 이런 기술을 연금술이라고 하는데 김연금
씨는 연금술사였다.

그는 매일 실험실에서 서로 다른 물질들을 섞어 금을 만
들어 보았다. 하지만 번번이 실패만 했다.

하지만 김연금 씨는 아리스토텔레스의 4원소설의 신봉
자였기 때문에 언젠가는 반드시 금을 만들 수 있다고 확
신했다.

"나의 우상 아리스토텔레스 선생님은 이렇게 말하셨지. 이 세상 모든 물질은 물, 불, 흙, 바람으로 이루어져 있는데 그 비율이 달라서 서로 다른 모습을 하고 있다고. 금은 그 비율이 가장 환상적인 물질이니까 다른 물질에서 4개의 원소의 비율을 바꾸면 금이 되게 할 수 있다고."

김연금 씨는 항상 이렇게 되뇌며 금 만드는 일을 계속 진행했다. 하지만 그의 노력에도 불구하고 어떤 물질도 금으로 바뀌지는 않았다.

"이제 그 짓 좀 그만하고 나가서 돈 좀 벌어 와요!"

그의 아내는 매일 이런 잔소리를 했다. 아내가 이렇게 잔소리를 하는 것도 당연했다. 김연금 씨는 연금술에 미쳐서 돈 한 푼 못 벌면서도 값비싼 물질과 실험 장비들을 사들여 식구들은 매일 매일 끼니를 걱정해야 했다.

하지만 김연금 씨는 연금술의 성공을 확신했다. 그리고 아내의 말은 귀담아 듣지 않았다.

이에 너무도 화가 난 김연금 씨의 아내는 나라에 연금술을 금지해 달라는 청원을 냈고 결국 이 문제는 화학법정에서 다루어지게 되었다.

모든 금속은 원자들이 일정하게 배열되어 있는 결정 모양을 이루고 있습니다.
금은 금 원자들이 일렬로 늘어서 있지 금 속에 철 원자나 은 원자가 있지는 않습니다.

과학공화국은 연금술을 금지시켜야 할까요? 화학법정에서 알아봅시다.

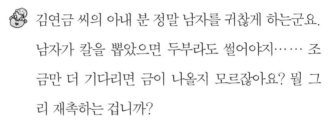

김연금 씨의 아내가 정부를 상대로 낸 연금술 금지 요청에 대한 재판을 시작합니다. 김연금 씨의 아내를 원고로 정부를 피고로 하겠습니다. 피고 측 변론하세요.

김연금 씨의 아내 분 정말 남자를 귀찮게 하는군요. 남자가 칼을 뽑았으면 두부라도 썰어야지…… 조금만 더 기다리면 금이 나올지 모르잖아요? 뭘 그리 재촉하는 겁니까?

이의 있습니다. 지금 피고 측 변호사는 원고 측 의뢰인을 모독하고 여성을 비하하는 발언을 하고 있습니다.

인정합니다. 화치 변호사! 지금이 어느 시댄데…… 여자를 비하하는 그런 말을 하는 거요? 요즘 정부에서 여성 장관들이 얼마나 끗발이 좋은데…… 잠간 서기! 지금 이런 얘기 회의록에서 빼세요. 그럼 원고 측 변론하세요.

금화학연구소의 이화학 박사를 증인으로 요청합니다.

하얀 실험 가운을 입은 40대 남자가 증인석에 앉았다.

🐶 금화학연구소는 뭐하는 곳이죠?

🐑 금의 성질을 연구하는 곳입니다.

🐶 어떤 성질 말인가요?

🐑 금은 아주 광택이 좋아 반짝거리죠. 그리고 아주 가늘게 만들 수도 있고 아주 납작하게 만들 수도 있어요. 즉 가공하기가 쉬워 예로부터 금을 이용해 많은 장신구들을 만들었지요.

🐶 가만, 재판이 이상하게 흘러가는데요? 우린 지금 연금술 얘기를 하고 있는데…….

🐑 물으신 것에 답변한 것뿐인데요.

🐑 맞아! 케미 변호사! 당신이 물은 거잖아?

🐶 그런가? 요즘 치매가 있어서…….

🐑 요즘 법정 분위기가 왜 이래? 계속하시오.

🐶 연금술은 불가능한가요?

🐑 금은 금 원자로 이루어져 있습니다. 은은 은 원자로 납은 납 원자로 철은 철 원자로 이루어져 있지요. 남자가 여자가 될 수 없듯이 말이죠.

🐶 그렇죠.

🐑 마찬가지로 금이 아닌 원소에 다른 원소를 적당히 섞어 금을 만들 수는 없어요. 금 원자의 모습과 다른 원자의 모습이 다르기

때문이지요.

그렇다면 연금술은 불가능하다는 얘기군요. 잘 들었습니다. 재판장님! 증인의 말처럼 이 세상 모든 물질은 가장 근본이 되는 작은 알갱이인 원자로 이루어져 있습니다. 원자는 쪼개지지도 더 이상 다른 원자로 바뀌지도 않으므로 금이 아닌 다른 원자를 금 원자로 바꾸려고 하는 것은 미친 짓이라고 생각합니다. 그러므로 김연금 씨 아내의 주장대로 연금술 금지법이 만들어져야 한다고 생각합니다.

알겠습니다. 사람들이 그냥 능력껏 살면 되는데 왜 자꾸 금만 밝히는지…… 금전 만능주의의 세상이 한탄스럽군요.

판사님! 일반 법정 분위기가 납니다. 화학 용어 좀 사용해 주시지요.

알겠소. 모든 금속은 원자들이 일정하게 배열되어 있는 결정 모양을 이루고 있습니다. 금은 금 원자들이 일렬로 늘어서 있지 금 속에 철 원자나 은 원자가 있지는 않습니다. 이러한 금속의 성질과 원자의 특징을 고려해 볼 때 서로 다른 원자들을 섞어서 새로운 원자를 만들어 내는 것은 화학적으로 불가능하다고 생각합니다.

재판은 김연금 씨 아내의 승리로 끝이 났다. 그리고 과학공화국에서는 연금술 금지법을 제정했다. 이로써 김연금 씨는 더 이상 금을 만드는 실험을 할 수 없게 되었고 아내와 열심히 일해 부자가 되었다.

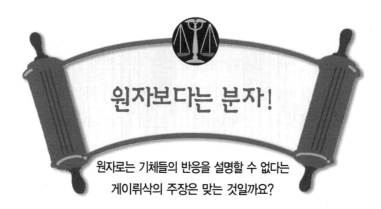

원자보다는 분자!

원자로는 기체들의 반응을 설명할 수 없다는
게이뤼삭의 주장은 맞는 것일까요?

**사건
속으로**

과학공화국 중서부에 위치한 퀘이커 시는 돌턴의 자손들
이 살고 있다. 그래서인지 그곳에서는 이 세상 모든 물질
은 원자로 이루어져 있고 원자는 가장 작기 때문에 더 이
상 쪼개어지지 않는다고 생각했다.

퀘이커 시에서는 모든 반응이 원자들에 의해 설명될 수
있다고 믿었다. 즉 수소와 산소가 합쳐져 수증기가 되거
나 탄소가 산소와 결합하여 이산화탄소가 되는 것을 모
두 원자로 설명할 수 있다고 생각했다.

예를 들어 수증기는 산소 원자와 수소 원자 하나가 달라붙어 만들어진 짬뽕 원자라고 생각했다. 여기서 짬뽕 원자란 두 종류 이상의 원자들이 달라붙은 원자를 말한다.

퀘이커 시 사람들은 원자를 찬양하고 원자로 설명할 수 없는 화학은 없다고 믿었다.

오죽하면 그들은 원자 송을 만들어 마을의 노래로 정했을까. 원자 송은 다음과 같았다.

모든 물질 속에는 라라라 쪼그만 알갱이가
물질 근원 아톰 우리를 만드네
단단하게 뭉쳐서 라라라 단단하게 뭉쳐서
짬뽕 원자 만들어 주는 기본 물질 아톰!

그러던 어느 날 이 마을에 게이뤼삭이라는 화학자가 방문했다. 그는 원자로는 기체들의 반응을 설명할 수 없고 원자 두 개가 짝을 이루는 분자에 의해서만 설명될 수 있으므로 원자보다는 분자가 화학반응의 주인공이 되어야 한다고 주장했다.

이것은 원자를 신봉하는 퀘이커 시 사람들을 화나게 했고 결국 퀘이커 시 사람들은 게이뤼삭을 과학 유언비어 살포 죄로 화학법정에 고소했다.

원자들이 모여 분자를 이룹니다.
산소 원자 하나와 수소 원자 두 개가 뭉쳐서 물을 이룹니다.

화학반응의 주인공은 원자일까요? 분자일까요? 화학법정에서 알아봅시다.

화학짱 판사

화치 변호사

케미 변호사

🐑 재판을 시작하겠습니다. 원고 측 변론하세요.

🐑 돌턴은 위대한 화학자입니다. 그분은 이 세상 모든 물질이 원자로 이루어져 있다고 주장했지요. 그분이 그렇게 얘기했다면 그건 맞는 겁니다. 그런 위대한 사람이 틀린 얘기를 할 리가 없잖아요? 이상입니다.

🐑 제발 좀 성의 있게 변론하세요. 원고 측 변호사!

🐶 성의 있는 변론의 대명사 케미 변호사입니다.

🐑 피고 측 변론해 봐요.

🐶 이번 재판의 피고소인인 게이뤼삭을 증인으로 신청합니다.

화학자 게이뤼삭이 검은색 공 몇 개와 흰 공 몇 개를 들고 증인석에 나타났다.

🐶 증인은 기체들의 반응에서 원자가 두 개씩 짝을 이뤄 분자를 이루어야만 한다고 주장했지요?

🐵 네, 그렇습니다.

그렇게 주장한 근거가 있나요?

변호사님! 우리 얼굴을 보세요. 눈이 몇 개죠?

두 개입니다.

귀는 몇 개죠?

두 개입니다.

이렇게 두 개가 짝을 이루어 붙어 있는 것이 많습니다. 예를 들면 사람 몸속에 있는 신장도 좌우에 한 개씩 있으며 두 개가 나란히 짝을 이룹니다.

이의 있습니다. 지금 피고 측 변호사는 사고로 눈이나 귀를 잃은 장애인들을 모독하는 발언을 하고 있습니다.

그건…… 좀 이상하잖아요? 원고 측 변호사! 이의를 기각합니다.

그렇다면 다른 반론을 하겠습니다. 사람 몸에는 두 개씩 짝을 이루지 않고 하나만 있는 것도 많습니다. 판사님, 코가 두 개인 사람 봤어요?

없지…… 사람이 코뿔소도 아니고…….

입이 두 개인 사람 봤어요?

못 봤지. 그런데 입이 두 개면 편리하겠군! 말하면서 밥 먹을 수 있으니까……. 가만, 그런데 재판이 어디로 흘러가는 거지? 피고 측 빙빙 돌리지 말고 변론하세요.

알겠습니다. 그럼 증인에게 다시 묻겠습니다. 증인은 왜 기체가 분자를 이루어 반응을 한다고 생각하는 거죠? 눈, 코, 입 이런 거 말고요.

저는 기체 수소와 기체 산소를 섞어서 물을 만드는 실험을 했습니다. 정확히 말하면 기체 상태의 물인 수증기지요.

그런데요?

이상하게도 그 반응에서 수소와 산소와 수증기의 부피의 비가 일정했습니다.

어떻게 일정했죠?

수소와 산소를 2:1의 부피 비로 섞을 때 수증기가 나왔는데 이 반응에서 수소, 산소, 수증기의 비는 항상 2:1:2가 되는 거예요.

좀 더 자세히 설명해 주시겠습니까?

그러니까 수소 2리터와 산소 1리터를 섞으면 수증기가 3리터가 만들어지는 게 아니라 수증기 2리터가 만들어진다는 얘기죠.

그럼 수소 3리터와 산소 1리터를 섞으면요?

그래도 수증기는 2리터만 만들어져요. 이때 수증기를 만드는 데 사용되지 않는 수소 1리터는 그대로 기체 수소로 남게 되지요.

그거랑 기체의 반응이 원자로 설명 안 된다는 것과 무슨 관계가 있지요?

간단히 얘기해 보죠.

게이뤼삭은 주머니에서 검은 공 두 개와 흰 공 하나를 꺼냈다.

🧑 검은 공을 수소 원자, 흰 공을 산소 원자라고 해 보죠. 수소와 산소의 부피의 비가 2:1이니까 다음과 같이 생각할 수 있지요.

● ● + ○

🧑 그런데요?

🧑 돌턴의 주장에 의하면 물은 산소 원자 하나와 수소 원자 하나로 되어 있지요. 그러므로 물은 ●○으로 나타낼 수 있어요. 그런데 제 실험에서 수소: 산소: 물의 부피의 비가 2:1:2니까 다음과 같이 나타낼 수 있지요.

● ● + ○ ➡ ●○ + ●○

🧑 가만, 흰 공이 하나 더 늘어났군요!

🧑 산소 원자가 하나 더 생겼어요. 그런 일은 있을 수 없지요. 하지만 만일 수소 한 부피가 수소 원자 두 개가 붙어 있는 수소 분자이고 산소도 마찬가지라면 수소와 산소의 반응은 다음과 같이 되지요.

● ● ● ● + ○○

🐶 그럼 반응 후는요?

🐻 반응 전에 수소 원자가 4개 산소 원자가 2개이니까 반응 후 물 두 부피가 나오려면 물 분자는 수소 원자 2개와 산소 원자 1개로 이루어져 있는 ●○●가 되지요. 그러면 이들 기체들의 반응은

$$ ●● \ ●● \ + \ ○○ \ \rightarrow \ ●○● \ ●○● $$

이 되어 반응 전후에 수소 원자의 개수와 산소 원자의 개수가 같아지거든요. 어때요? 퍼펙트 하죠?

🐶 짝짝짝.(박수 소리)

저는 이 박수로 변론을 마치겠습니다.

🐨 판결합니다. 원자가 물질을 이루는 가장 기본이 되는 알갱이라는 점은 분명하지만 기체들의 반응과 같은 화학반응에서는 게이뤼삭의 실험 결과처럼 원자가 두 개 이상 모여 만들어진 분자가 주인공이 될 수 있다는 것이 명백하므로 퀘이커 시 사람들의 고소는 이유가 없다고 판단하며 이를 기각합니다.

이리하여 게이뤼삭은 고소에서 풀려나 분자에 대한 연구를 계속했다. 그 후 이탈리아의 아보가드로는 완벽한 수학으로 게이뤼삭의 분자에 대한 아이디어를 설명하는 데 성공했다.

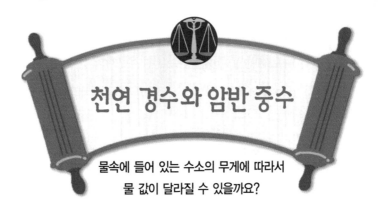

천연 경수와 암반 중수

물속에 들어 있는 수소의 무게에 따라서
물 값이 달라질 수 있을까요?

**사건
속으로**

과학공화국은 요즘 수돗물 대신 건강에 좋은 생수를 마시는 것이 유행처럼 되어 버렸다. 비록 1리터에 1,000원 정도를 주고 사 먹어야 하지만 웰빙 열풍 때문에 생수는 날개 돋친 듯이 팔렸다.

생수는 두 라이벌 기업의 제품이 제일 인기가 좋았는데 경수 마을에서 만들어진 '천연 경수'라는 제품과 중수 마을에서 만들어진 '암반 중수'라는 제품이 특히 인기가 좋았다.

경수 마을과 중수 마을은 서로 마주 보고 있었는데 경수 마을의 '천연 경수'는 보통의 물을 사용했고 중수 마을의 '암반 중수'는 중수를 사용했다.

경수는 보통의 수소 원자 두 개와 산소 원자 하나로 이루어진 보통의 물이고 중수는 일반 수소보다 두 배 무거운 중수소 원자 두 개와 산소 원자 하나로 이루어진 물이었다.

그러나 사이좋게 생수를 판매하여 높은 실적을 올려왔던 두 회사 사이에 최근 갈등이 생겼다. 그것은 중수 마을이 '암반 중수'의 값을 두 배로 올려 받아야 한다고 주장했기 때문이었다.

중수 마을의 주장은 자신들의 물을 만드는 수소가 경수 마을의 물속에 들어 있는 수소보다 두 배 무거우므로 그 무게 차이만큼 가격이 다르게 정해져야 한다는 것이었다.

그러자 경수 마을은 물맛이 달라지는 것도 아닌데 그럴 순 없다고 반박했고 중수 마을은 무게를 고려해 물 값을 받을 수 있도록 해 달라고 정부에 건의했다.

결국 두 생수 회사 사이의 갈등은 화학법정에서 다루어지게 되었다.

중수소와 산소가 결합한 것을 중수라고 합니다.
중수는 보통의 수소와 산소가 결합한 보통의 물보다 무겁답니다.

암반 중수는 천연 경수의 두 배의 물 값을 받아야 할까요? 화학법정에서 알아봅시다.

화학짱 판사

화치 변호사

케미 변호사

재판을 시작하겠습니다. 먼저 천연 경수 회사 측의 변론을 듣지요.

저는 중수가 뭔지 모릅니다. 그냥 물이면 똑같은 거지 뭘 무게 가지고 따집니까? 두 회사는 그냥 같은 값을 받고 사이좋게 지내도록 하세요.

가만, 화치 변호사! 당신이 판사요? 왜 갑자기 변론이 아닌 판결을 내리는 거요?

갑갑해서 그럽니다. 뭘 이런 걸 법정에서 다룹니까?

아이고, 내가 못살아…… 암반 중수 회사 변론하세요.

동위원소연구소의 이동위 박사를 증인으로 요청합니다.

깔끔한 복장에 선글라스를 쓴 멋쟁이 신사 한 분이 증인석에 앉았다.

동위원소연구소는 뭐하는 곳입니까?

이름 그대로 동위원소를 연구하는 곳입니다.

🐷 동위원소가 뭐죠?

🐹 화학적으로 같은 원소인데 물리적으로 다른 원소를 말합니다.

🐷 좀 어렵군요. 쉽게 설명해 주시겠습니까?

🐹 모든 원자는 중심에 조그만 원자핵이 있고 그 주위를 전자가 돌고 있습니다. 원자핵 속에는 양의 전기를 띤 양성자와 전기를 띠지 않은 중성자가 있지요. 양성자와 전자는 부호는 같은 크기의 반대 전기를 띠고 있어 원자 전체로 보면 전기를 띠지 않습니다. 그리고 중성자와 양성자는 무게가 거의 비슷한데 전자의 무게의 거의 2,000배 정도로 무겁습니다.

🐷 그렇다면 원자의 무게는 거의 원자핵의 무게이군요?

🐹 그렇습니다.

🐷 동위원소가 중성자와 관계있습니까?

🐹 그렇습니다. 가장 가벼운 원자인 수소의 원자핵은 양성자 한 개로 이루어져 있습니다. 그런데 어떤 수소는 양성자 한 개와 중성자 한 개로 이루어져 있지요. 그럼 이런 원자핵을 가진 수소는 보통의 수소보다 2배 정도 무겁습니다. 이것을 중수소라고 부릅니다.

🐷 그렇다면 중수소와 산소가 결합한 것이 중수이니까 중수는 보통의 수소와 산소가 결합한 보통의 물보다 무겁겠군요.

🐹 그렇습니다.

🐷 존경하는 재판장님! 증인의 말처럼 중수소가 들어 있는 중수는

보통의 수소가 들어 있는 경수보다 무겁습니다. 그러므로 당연히 무게 값을 하겠지요? 그러니까 같은 개수의 분자가 들어 있다면 당연히 무거운 물인 중수가 더 비싼 물 값을 받아야 한다고 생각합니다.

🐝 판결하겠습니다. 양쪽 변호인의 얘기를 종합해 본 결과 아니 천연 경수 측 변론은 고려할 가치도 없고…… 무거운 물인 중수를 이용한 암반 중수가 가벼운 물을 사용한 천연 경수보다 더 비싼 값을 받아야 하는 것은 당연합니다. 하지만 물이란 수소만 있는 것이 아니라 수소와 산소가 결합한 화합물이며 두 물의 경우 산소는 공통이라는 점을 암반 중수 측에서는 몰랐던 것 같습니다. 그러므로 암반 중수와 천연 경수의 값은 포함된 중수와 경수의 무게 비로 다르게 책정되는 것으로 판결합니다.

재판 후 암반 중수와 천연 경수의 값은 각각 20원과 18원으로 결정되었다. 이것은 경수가 수소 원자 두 개와 산소 원자 한 개로 이루어져 있는데 수소 원자의 무게를 1이라고 하면 산소 원자의 무게는 16이 되어 경수의 무게는 18이 되는 반면 중수는 무게가 2인 중수소 두 개와 무게가 16인 산소 한 개로 이루어져 있어 전체 무게가 20이 되기 때문이었다.

그리스 시대의 원소와 원자에 관한 이야기

기본 원소에 대한 생각의 변화

기원전 6세기와 5세기에 고대 그리스의 물리학자들은 여전히 기본 원소에 대한 관심을 보였습니다. 기원전 6세기에 헤라클레이토스(Heracleitos, B.C.540~? B.C.480)는 불을 기본 원소로 생각했습니다. 또한 그는 이 세상의 모든 물질은 끊임없이 변하고 있다고 생각했습니다. 그의 생각을 들어 봅시다.

이 세상에 변하지 않는 물질은 없죠. 물질은 끊임없이 변해야 해요. 완전히 정지해 있는 물체가 있을까요? 그런 건 없어요. 겉으로 보기에는 정지해 있는 것으로 보이지만 사실 물체 속에서는 서로 반대되는 성질을 가진 것들 사이에 끊임없는 상호작용을 하고 있을 거예요.

한편 시칠리아의 엠페도클레스는 4개의 기본 원소인 물, 불, 공기, 흙으로 물질이 이루어져 있다는 네 뿌리 이론을 주장했습니다. 그의 생각을 들어 봅시다.

물질은 이들 4가지 기본 원소들이 합쳐지거나 분리되어 만들어지죠. 이들 원소는 사랑의 힘으로 합쳐지고 투쟁의 힘으로 분리되죠. 태초에 우주에는 4가지 기본 원소들을 결합시키는 사랑이 지배적이지만 우주가 진화해 가면서 투쟁의 힘이 강해서 이 기본 원소들을 서로 밀치게 만들었죠. 물질이 변하는 이유는 뭘까요? 그건 이들 4가지 기본 원소의 비율이 달라지기 때문이에요. 예를 들어 사람의 뼈는 불, 물, 흙이 4:2:2의 비로 이루어져 있고 피와 살은 불, 공기, 물, 흙이 1:1:1:1의 비로 이루어져 있는데 이 비율이 달라지면 사람은 병에 걸리게 됩니다.

엠페도클레스의 네 뿌리 이론은 훗날 플라톤의 기하학적 원소론과 아리스토텔레스의 4원소설에 큰 영향을 주었습니다.

플라톤의 기하학적인 원소론

플라톤을 물리학자라고 얘기하기는 곤란하지만 자연에 대한 그의 생각은 제자인 아리스토텔레스에게 큰 영향을 주었기에 그가 생각하는 자연에 대해 알아볼 필요가 있습니다. 그는 피타고라스의 영향을 받아 기하학적인 모형을 중요시했습니다. 그는 신이 수학적 원리에 따라 우주를 만들었다고 믿었습니다.

플라톤은 우주의 모든 천체들이 일정한 속력으로 원운동을 한다고 믿었습니다. 그는 원이야말로 가장 완전한 모양이므로 조물주가 이 형태를 택했다고 생각한 것입니다.

기하학적인 아름다움을 좋아했던 플라톤은 엠페도클레스의 4원소를 가장 간단한 입체 모형으로 설명했습니다. 그는 4가지 기본 원소를 정다면체라고 생각했습니다. 즉 불은 정사면체, 흙은 정육면체, 공기는 정팔면체, 물은 정이십면체 모양이라고 생각했습니다. 이제 플라톤의 생각을 들어 봅시다.

5가지 플라톤 입체

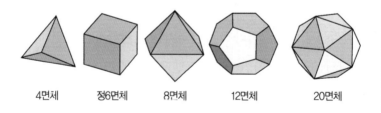

| 4면체 | 정6면체 | 8면체 | 12면체 | 20면체 |

불은 정사면체 모양으로 가장 작고 날카로워 잘 움직이죠. 물, 불, 공기는 모든 면이 삼각형이지만 흙만이 모든 면이 정

사각형입니다. 그러므로 흙은 4개의 기본 원소 중 가장 안정적인 형태입니다. 정다면체에는 앞에서 얘기한 4가지 이외에 하나가 더 있습니다. 그건 바로 정십이면체입니다. 그러므로 엠페도클레스가 얘기한 4개의 기본 원소 외에 정십이면체의 모양을 가진 제5원소가 있어야 합니다. 하지만 제5원소가 무엇인지는 저도 잘 모르겠습니다.

이제 원소들이 바뀌는 과정에 대해 설명하겠습니다. 모든 면이 정삼각형으로 이루어져 있는 물은 역시 정삼각형으로 이루어져 있는 공기나 불로 쉽게 변할 수 있습니다. 하지만 정사각형으로 이루어져 있는 흙으로는 변할 수 없습니다. 흙은 다른 원소들로 쉽게 바뀌지 않는 가장 안정된 원소입니다.

아리스토텔레스의 4원소설

아리스토텔레스는 엠페도클레스가 주장한 4원소를 토대로 4원소설을 만들어 물질의 변화를 4개의 기본 원소 변화로 설명했습니다. 4원소들 사이의 관계를 그림으로 나타내면 다음과 같습니다.

4원소설

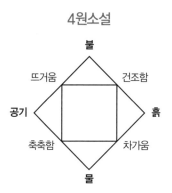

4원소설에 따르면 이 세상에는 차가움, 뜨거움, 건조함, 축축함의 4가지 성질이 있고 4개의 기본 원소는 이 성질들 중 두 개씩을 지니게 됩니다. 따라서 이들이 어떤 비율로 섞여 있는가에 따라 물질은 다른 성질을 지니게 됩니다. 이제 아리스토텔레스의 얘기를 들어 봅시다.

물은 차가운 성질과 축축한 성질을 가지고 있죠. 이중에서 축축한 성질이 건조한 성질로 변하면 흙의 성질을 띤 물이 되죠. 그것이 바로 얼음입니다. 또 물을 데우면 수증기가 생기죠? 그것은 물의 차가운 성질이 뜨거운 성질로 변해 공기의 성질을 띤 물인 수증기가 된 것입니다.

연금술의 시작

연금술이란 금이 아닌 물질들을 섞어 금을 만들어 내는 기술입니다. 이러한 연금술은 아리스토텔레스의 4원소설 때문에 시작되었습니다. 아리스토텔레스는 4원소가 가장 완벽한 비율로 섞여 있는 금속이 금이라고 생각했습니다. 그러므로 불완전한 비율로 4원소가 섞여 있는 금속에서 4원소의 비율을 바꾸면 금을 만들 수 있다고 생각한 것입니다.

아리스토텔레스는 금속이 근본적으로는 4원소로 이루어져 있지만 주성분은 2개의 증기, 즉 흙의 증기와 물의 증기로 이루어져 있다고 생각했습니다. 연금술사들은 불의 증기는 유황이고 물의 증기는 수은이며 이들이 다른 비율로 섞여서 서로 다른 금속을 만들어 낸다고 생각했습니다. 4원소설을 통한 연금술은 중세까지 계속되었지만 그런 노력은 모두 실패로 돌아갔습니다.

아리스토텔레스의 운동의 법칙

아리스토텔레스는 자연 속에는 질서가 있다고 믿었습니다.

그는 물체의 여러 가지 운동을 조사하면 자연 속의 숨은 질서를 찾을 수 있다고 생각했습니다.

아리스토텔레스는 폭포의 물이 아래로 떨어지거나 연기가 위로 올라가는 것과 같은 운동을 관찰하여 운동에는 두 종류가 있다고 주장했습니다. 두 가지 운동 중 하나는 자연스러운 운동이고 다른 하나는 강제적인 운동입니다.

자연스러운 운동은 고향을 찾아가는 운동입니다. 뜨거운 성질을 가진 물질의 고향은 하늘이고 차가운 성질을 가진 물질의 고향은 땅이죠. 그래서 차가운 성질을 가진 물과 흙은 아래로 떨어지고 뜨거운 성질을 가진 불과 공기는 위로 올라가는 것입니다.

그럼 강제적인 운동은 무엇일까요? 땅바닥에 떨어져 있는 돌멩이를 위로 들어 보세요. 그것은 고향에 있는 돌멩이를 강제로 타향으로 보내는 운동이죠? 이렇게 강제로 고향을 떠나게 하는 운동이 바로 강제적인 운동입니다.

아리스토텔레스는 특히 물체의 낙하운동에 관심이 많았습니다. 그는 물체가 낙하할 때 걸리는 시간이 물체의 무게에 의

해 결정된다고 믿었습니다. 그러니까 물체는 무거울수록 빨리 떨어진다는 게 그의 생각이었습니다. 따라서 물체가 두 배 무거워지면 두 배로 빨리 떨어진다는 것이 아리스토텔레스의 생각입니다. 그래서 가벼운 종이는 천천히 떨어지고 무거운 돌멩이는 빨리 떨어진다는 것이었습니다.

하지만 그의 낙하 법칙은 훗날 갈릴레이에 의해 바뀌게 됩니다. 그러니까 물체가 무겁든 가볍든 같은 속도로 땅에 떨어진다는 것이 갈릴레이의 낙하 법칙입니다.

그럼 왜 돌멩이가 종이보다 먼저 떨어질까요? 그것은 종이가 가볍고 돌멩이가 무거워서가 아니라 공기의 저항 때문입니다. 종이는 떨어지면서 공기의 저항을 많이 받아 에너지를 많이 빼앗겨 천천히 떨어집니다. 만일 공기가 없는 달에서 종이와 돌멩이를 떨어뜨린다면 둘 다 똑같이 떨어질 것입니다. 하지만 아리스토텔레스는 공기의 저항에 대해 몰랐으므로 잘못된 낙하 법칙을 찾아낸 것입니다.

운동에 대한 아리스토텔레스의 설명은 물리학적 사고의 시작이었습니다. 아리스토텔레스의 추종자들은 이후 2,000여

년 동안이나 그의 주장을 따랐습니다. 따라서 코페르니쿠스의 지동설이나 갈릴레이의 낙하 법칙에 의해 그의 운동 법칙이 틀렸다는 사실이 알려질 때까지 사람들은 아리스토텔레스의 운동 법칙을 절대적으로 지지했습니다.

제5원소

아리스토텔레스는 4원소 이외에 천체를 구성하는 제5원소를 주장했습니다. 제5원소는 천체의 영원한 운동을 설명하기 위해 도입했습니다. 그는 천체들의 운동이 변하지 않고 규칙적인 원운동을 하게 하는 제5원소가 있다고 생각했습니다.

그는 우주를 천상계와 지상계로 나눠 지상계는 4원소로 이루어져 있고 천상계는 제5원소로 이루어져 있다고 생각했습니다. 그는 운동에는 직선운동과 원운동이 있는데 지상계의 물질들은 직선운동만을 할 수 있고 천상계의 물질들은 원운동만을 할 수 있다고 생각했습니다.

돌멩이를 던지면 올라갔다가 떨어지지만 달은 지구로 떨어지지 않습니다. 그건 4원소는 끝이 있는 직선운동을 하게 하는 물질이고 제5원소는 끝없이 원운동을 하게 하는 물질이기 때문이죠. 그래서 천상계의 천체들이 지구에 떨어지지 않고 영원한 원운동을 할 수 있는 것입니다.

원자론의 태동

그리스 시대의 모든 물리학자들이 4원소설을 지지한 것은 아닙니다. 4개의 기본 원소로 지구에 있는 모든 물질이 이루어졌다고 생각하기보다는 눈에 보이지 않는 아주 작은 알갱이들로 물질이 이루어졌다고 주장한 최초의 사람은 아낙사고라스입니다. 그는 누스(nous)라고 부르는 눈에 보이지 않는 아주 작은 알갱이들로 사물이 이루어져 있다고 주장했습니다.

그는 무한히 많은 누스를 도입하여 물질의 변화를 설명하고자 했습니다. 그는 모든 물질은 원래부터 있었던 것으로 다만 물질을 이루는 요소들이 분리되어 소멸되고, 다시 합쳐져 생성될 뿐이라고 주장했습니다.

아낙사고라스의 생각은 곧바로 레우키포스에게 이어집니다. 레우키포스는 우주는 진공과 충만으로 나눌 수 있으며 진공이란 눈에 보이는 물질이 없는 부분을, 충만이란 눈에 보이는 물질이 있는 부분을 나타낸다고 주장했습니다.

레우키포스는 4원소설처럼 물질들이 어떤 힘에 의해 결합되고 분리되는 것이 아니라 처음부터 진공 속에 눈에 보이지 않는 아주 작은 알갱이들이 서로 부딪치고 소용돌이 치면서 우리의 눈에 보이는 물질들이 만들어졌다고 생각했습니다.

레우키포스는 원자론의 창시자인 데모크리토스의 스승이라는 것만 알려져 있을 뿐 그에 관해서 알려진 것은 별로 없습니다. 하지만 비록 그가 원자라는 단어는 사용하지 않았지만 원자에 대한 생각을 처음 가졌으므로 그를 원자론의 창시자로 생각할 수도 있습니다.

원자론과 데모크리토스

레우키포스의 생각은 그의 제자인 데모크리토스에게 이어집니다. 그는 레우키포스가 생각한 눈에 보이지 않는 작은 알갱이를 '더 이상 쪼갤 수 없는 것'이라는 뜻을 가진 원자(atom)라고 불렀습니다. 그러므로 원자들이 모여서 눈에 보이는 물질을 만들어 내는 것입니다.

　그럼 4원소설과 데모크리토스의 원자는 어떤 차이가 있을
까요? 4원소설에 따르면 물질을 쪼개고 쪼개면 물질의 기본
원소들이 점점 줄어들게 되어 결국에는 아무것도 남지 않습니
다. 하지만 데모크리토스는 물질을 쪼개고 쪼개면 더 이상 쪼

갤 수 없는 가장 작은 알갱이가 되고 그 알갱이는 더 이상 작게 쪼개지지 않는다고 생각했습니다. 이 가장 작은 알갱이가 바로 물질을 이루는 기본 요소인 원자입니다.

그의 원자설에 따르면 모든 물질은 아주 작은, 무한히 많은 원자로 이루어져 있으며 이 원자들은 진공 중에서 계속해서 움직입니다. 또한 원자들은 서로 다른 크기와 서로 다른 모양으로 태곳적부터 존재했던 것이며 원자들은 모양과 위치에 따라 성질이 달라집니다.

그는 진공 속의 원자의 운동은 영원히 계속되며 운동에는 직선운동, 원운동, 소용돌이 운동이 있다고 생각했습니다. 이때 가벼운 원자는 바깥으로, 무거운 원자는 안쪽으로 몰려듭니다. 안쪽으로 몰려든 무거운 원자들은 땅과 물을 이루게 되고 바깥으로 밀려나는 것은 공기, 불, 하늘을 이룬다고 생각했습니다.

데모크리토스의 원자론은 훗날 돌턴의 원자설에 큰 영향을 주었습니다.

열에 대한 사건

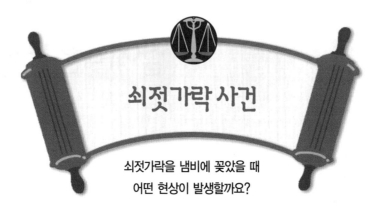

쇠젓가락 사건

쇠젓가락을 냄비에 꽂았을 때
어떤 현상이 발생할까요?

사건
속으로

이고불 씨는 라면 마니아이다. 그는 새로운 라면만 나오면 곧장 슈퍼로 달려가 사 올 정도로 라면에 푹 빠져 있었으며 전 세계에 있는 라면을 안 먹어 본 것이 없을 정도였다.

그러던 어느 날 그가 사는 동네에 새로운 라면 전문 레스토랑인 싱싱 라면이 생겼다. 늘씬한 키에 쭉쭉 빵빵한 외모의 두 이벤트 걸이 신나게 가게를 홍보하고 뒤에는 바람에 맞춰 춤을 추는 풍선 허수아비가 손님들을 불러 모으고 있었다.

라면 킬러인 이고불 씨가 이 집을 그냥 지나칠 리 없었다. 그는 아침 일찍부터 가게 앞에 줄을 섰다. 오늘은 첫날이라 선착순 100명까지는 무료로 싱싱 라면을 먹을 수 있었기 때문이었다.

가게는 그리 크지 않아 한번에 10명 정도만이 들어갈 수 있었다. 한참을 기다린 후 이고불 씨는 드디어 신제품 싱싱 라면을 먹을 수 있게 되었다.

라면은 노란 냄비에 뚜껑이 덮인 채 나오는 전통적인 방식이었다.

"그래, 라면은 뚜껑에 먹어야 제 맛이야."

이고불 씨는 속으로 이렇게 중얼거렸다.

드디어 라면이 이고불 씨 앞에 나오자 이고불 씨는 설레는 마음으로 뚜껑을 열었다. 김이 모락모락 피어올라 이고불 씨의 안경에 김이 서려 아무것도 볼 수 없었다.

이고불 씨는 순간 장님처럼 여기저기를 더듬어 젓가락을 찾았다. 젓가락은 냄비에 꽂혀 있었다.

"으악!"

젓가락을 두 손으로 쥔 이고불 씨는 비명을 질렀다. 젓가락이 너무 뜨거워 손에 화상을 입은 것이었다.

이고불 씨는 이 사고가 싱싱 라면집이 쇠젓가락을 냄비에 꽂은 채 끓여 쇠젓가락이 너무 뜨거워졌기 때문이라며 싱싱 라면집을 화학법정에 고소했다.

전도란 뜨거운 물체를 직접 만졌을 때 열이 뜨거운 곳에서
차가운 곳으로 이동하는 것을 말합니다.

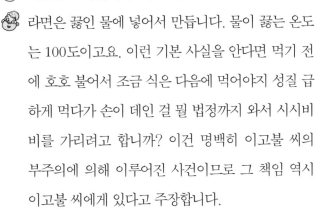

<table>
</table>

젓가락을 냄비에 넣고 끓이면 어떻게 될까요? 화학법정에서 알아봅시다.

여기는 화학법정

화학짱 판사

화치 변호사

케미 변호사

 재판을 시작합니다. 피고 측 변론하세요.

 라면은 끓인 물에 넣어서 만듭니다. 물이 끓는 온도는 100도이고요. 이런 기본 사실을 안다면 먹기 전에 호호 불어서 조금 식은 다음에 먹어야지 성질 급하게 먹다가 손이 데인 걸 뭘 법정까지 와서 시시비비를 가리려고 합니까? 이건 명백히 이고불 씨의 부주의에 의해 이루어진 사건이므로 그 책임 역시 이고불 씨에게 있다고 주장합니다.

 원고 측 변론하세요.

 컨덕션 연구소의 전도얀 소장을 증인으로 채택합니다.

하얀 원피스에 검은색 치마를 입고 검은 테 안경을 쓴 30대 중반의 여자가 증인석에 앉았다.

 컨덕션 연구소는 뭐하는 곳이죠?

 열의 전도를 연구합니다.

 알기 쉽게 설명해 주세요.

열의 전달 방법에는 세 가지가 있습니다. 전도, 대류, 복사가 그것이지요. 그중에서 우리 연구소는 열의 전도만을 집중적으로 연구하고 있습니다.

이번 사건이 열의 전도와 관계있습니까?

네, 있습니다.

구체적으로 말씀해 주세요.

전도얀 소장은 갑자기 자리에서 일어나 뜬금없이 노래를 부르기 시작했다.

너를 만지면 손끝이 뜨거워
손끝에 너의 열기가 퍼져
소리 없는 열이 내게로 흐른다.

무슨 노래죠? 재판과 관계있는 노래입니까?

이게 유명한 '전도 송'입니다. 전도란 뜨거운 물체를 직접 만졌을 때 열이 뜨거운 곳에서 차가운 곳으로 이동하는 것을 말하지요. 그런데 물질에 따라 열의 전도가 잘 일어나는 것도 있고 잘 안 일어나는 것도 있습니다.

예를 들면요?

나무는 열을 잘 전도하지 않습니다. 하지만 쇠는 열을 아주 잘 전도하지요.

그럼 싱싱 라면이 나무젓가락을 사용했다면 이고불 씨가 다치지 않았을 거라는 얘기군요!

그렇습니다.

잘 알았습니다. 존경하는 재판장님! 라면은 나무젓가락으로 먹어야 맛이 죽입니다. 뿐만 아니라 나무가 열을 잘 전도하지 않아 손을 데일 염려도 없고요. 그러므로 이번 사건은 라면집에서 나무젓가락을 사용하지 않은 싱싱 라면에 그 책임이 있다고 생각합니다.

판결하겠습니다. 물론 라면은 나무젓가락이 제격이지요. 하지만 나무젓가락은 일회용입니다. 그러므로 자원의 낭비이지요. 이 사건은 쇠젓가락을 사용하기 때문에 벌어졌다기보다는 쇠젓가락을 넣고 끓여 끓는 물의 열이 쇠젓가락을 통해 이고불 씨의 손으로 전달되어 이고불 씨의 손의 온도가 급상승하게 된 것으로 판단됩니다. 그러므로 젓가락을 넣고 끓인 싱싱 라면 측의 과실이 있었음을 인정합니다.

재판 후 싱싱 라면은 이고불 씨가 손에 입은 화상에 대한 정신적, 육체적 보상을 해 주었고 이 사건 이후 이고불 씨는 라면집을 방문할 때마다 여러 번 사용할 수 있는 특수 나무젓가락을 항상 가지고 다녔다.

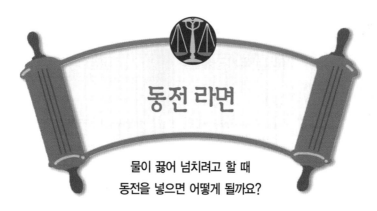

동전 라면

물이 끓어 넘치려고 할 때
동전을 넣으면 어떻게 될까요?

<table>
</table>

| 사건
속으로 | 라면 마니아 이고불 씨에게 새로운 라면집은 항상 도전 |

사건
속으로

라면 마니아 이고불 씨에게 새로운 라면집은 항상 도전의 대상이었다. 지난번 쇠젓가락 사건 이후 그는 항상 나무젓가락을 가지고 다녔다.

뿐만 아니라 전국을 돌면서 신기한 라면을 찾아다녔다. 냉라면, 초대형 라면, 스파게티 라면 등 새로운 방법으로 라면을 만드는 가게는 항상 그의 공격 대상이었다.

그러던 어느 날 그에게 라면을 즐기면서 할 수 있는 일이 생겼다. 그것은 라면 전문 잡지인 〈주간 라면〉이 생기면서 전국의 신기한 라면집을 소개하는 리포터를 모집했기 때문이었다.

"그래, 이게 바로 내가 찾던 일이야."

이고불 씨는 주먹을 불끈 쥐었다.

다음 날 잡지사에 찾아간 그는 라면에 대한 해박한 지식으로 면접관들을 놀라게 하며 바로 리포터로 일하게 되었다. 그는 라면 잡지의 성공을 위해 전국을 돌아다니며 신기한 라면을 만드는 집을 찾아갔다.

그러던 어느 날 그는 누들 시티에 있는 조그만 라면 가게인 동전 라면집을 찾아갔다. 그 집은 라면을 끓일 때 다른 집에 비해 작은 냄비를 사용했다. 물이 끓으면 부글부글 넘쳐흘러 보통 사람들 같으면 국물 없는 라면을 만들 수밖에 없었다.

하지만 이 집에는 물이 넘치지 않게 하는 비법이 있었다. 그것은 바로 동전이었다.

물이 끓어 거품이 밖으로 넘치려고 하는 순간 주방장은 주머니에서 동전을 꺼내 라면에 던졌다. 그런데 놀랍게도 더 이상 물이 넘치지 않으면서 맛있는 라면이 만들어졌다.

이 놀라운 기술 때문에 동전 라면집은 인기 짱이 되어 많은 사람들이 이 집 라면을 먹기 위해 새벽부터 줄을 서야 했다. 이고불 씨는 이 라면집에 대한 기사를 잡지에 실었다.

그런데 조폐국에서는 음식을 끓일 때 동전을 사용하는 것은 신성한 동전에 대한 모독이라며 동전 라면집을 화학법정에 고소했다.

기포는 가볍기 때문에 점점 위로 올라가 밖으로 튀어나가게 됩니다.
이때 물 분자들이 기포에 달라붙어 함께 밖으로 나가기 때문에 물이 넘치는 것입니다.

라면에 동전을 넣으면 왜 물이 넘치지 않을까요? 화학법정에서 알아봅시다.

재판을 시작합니다. 원고 측 변론하세요.

돈은 물건을 사고파는 경제 행위에 사용되는 것이지 라면에 아무렇게나 던지라고 만든 건 아닙니다. 동전이 비록 무생물이지만 그렇다고 해서 펄펄 끓는 물에 매일 뛰어들어야 한다는 것은 동전에 너무나 고통스러운 일입니다. 흑흑, 동전이 불쌍해!

화치 변호사! 지금 뭐하는 겁니까?

제가 소심한 A형이라…… 동전의 아픔을 함께 느끼는 겁니다. 눈물이 앞을 가려 더 이상 변론을 못하겠습니다.

갈수록 태산이군! 피고 측 변론하세요.

지난번 이고불 씨 변론으로 라면에 대한 많은 자료를 수집했습니다. 그래서 이번에는 제가 직접 변론하겠습니다. 판사님! 국물 없는 라면은 어떤가요?

정말 못 먹지요? 엄청 짜기만 하고…… 물만 먹히잖아요? 라면은 국물이 생명이에요. 국물 없는 라면은 고무줄 없는 팬티, 앙꼬 없는 찐빵이에요.

우와! 저 7080 개그!

🐼 재밌으라고 한 얘긴데 반응이 너무 썰렁하군! 그런데 케미 변호사! 왜 물이 넘칠 때 동전을 던지면 물이 안 넘치지요?

🐶 물이 넘치는 것은 물이 끓으면서 물속에서 물 분자가 기체인 수증기 분자로 바뀌기 때문입니다. 이것이 바로 기포지요. 기포는 가볍기 때문에 점점 위로 올라가 밖으로 튀어나가게 되는데 이때 물 분자들이 기포에 달라붙어 함께 밖으로 나가기 때문에 물이 넘치는 것입니다. 하지만 이 순간에 동전을 넣으면 열이 동전을 가열하는 데 사용되기 때문에 물속에서 기포가 덜 만들어지지요. 그래서 물이 잘 안 넘치는 것입니다.

🐼 재미있는 화학이군요. 그럼 판결합니다. 지금은 아이디어의 시대입니다. 즉 남과 다른 신선하고 창의적인 아이디어가 남보다 성공할 수 있게 하지요. 동전 라면집은 그런 면에서 참신한 아이디어로 손님을 끌었다고 생각합니다. 하지만 동전은 많은 사람들을 거치면서 많은 세균들이 득실거릴 것으로 추정됩니다. 그런 지저분한 동전을 사람의 음식에 던진다는 것은 위생적으로 좋지 않다고 생각합니다. 그러므로 앞으로 동전 사용은 금지하되 살균 소독된 깨끗한 금속을 넣는 것은 허용하는 것으로 판결합니다.

재판이 끝난 후 동전 라면집은 상호를 금속 라면집으로 바꾸었다. 그리고 여전히 작은 냄비를 사용한 라면을 만들었고 물이 넘칠 때는 살균 소독을 한 조그만 금속 조각을 던져 넘치지 않게 하였다.

너무 추운 토크카

온도제어 장치에 이상이 생기면
어떤 현상이 일어날까요?

<table>
<tr><td>사건
속으로</td><td>자동차 수집광인 이차도 씨는 전 세계의 신기한 자동차
만 보면 구입한다. 부모님이 돌아가시면서 엄청난 유산
을 상속해 주었기 때문에 평생을 돈 걱정 없이 살 수 있
는 이차도 씨에게 자동차 값은 별문제가 되지 않았다.</td></tr>
</table>

자동차 수집광인 이차도 씨는 전 세계의 신기한 자동차
만 보면 구입한다. 부모님이 돌아가시면서 엄청난 유산
을 상속해 주었기 때문에 평생을 돈 걱정 없이 살 수 있
는 이차도 씨에게 자동차 값은 별문제가 되지 않았다.

그는 과학공화국의 최첨단 자동차부터 원시 부족들의 수
동 자동차까지 많은 자동차를 수집했는데 그의 집 주차
장은 마치 자동차 박물관을 보는 것 같았다.

어느 날 이차도 씨는 신문의 해외 소식란을 보다가 이웃 나라인 아메리슘 공화국의 그래도굴러 자동차 회사에서 새로운 자동차를 개발했다는 기사를 읽었다. 그래도굴러사가 야심차게 내놓은 자동차는 토크카였다. 토크카가 다른 자동차와 다른 기능은 음성인식 기능이었다. 즉 이 차는 운전자의 말을 인식하여 작동되었다. 운전을 하면서 "라디오 켜"라고 외치면 자동으로 라디오가 켜지고 "온도 20도"라고 외치면 차 안의 온도가 20도로 유지되는 등 사람의 말을 이해하는 차세대 인공지능형 자동차였다.

"그래 내가 원하던 차가 바로 이거야."

이차도 씨는 이렇게 중얼거리고는 바로 토크카 대리점으로 갔다.

"이 차가 정말 말을 알아듣나요?"

이차도 씨가 점원에게 물었다.

"물론이죠."

점원은 자신만만한 표정으로 말했다.

이차도 씨는 주저하지 않고 토크카를 구입했다. 날씨가 조금 더운 듯해 보여서 그는 토크카에 "23도"라고 명령했다. 잠시 후 에어컨이 돌아가는 소리가 들리더니 차 안은 마치 한겨울 날씨처럼 무지막지하게 추워졌다. 이차도 씨는 토크카의 온도제어 장치에 이상이 있다며 리콜을 요구했지만 토크카 측에서는 전혀 이상이 없다며 버텼다.

화가 난 이차도 씨는 그래도굴러사를 화학법정에 고소했다.

섭씨온도는 물이 어는 온도를 0도로 물이 끓는 온도를 100도로 정한 온도를 말합니다.
반면 화씨온도는 물이 어는 온도를 32도 물이 끓는 온도를 212도로 나타냅니다.

토크카가 왜 추워졌을까요? 화학법정에서 알아봅시다.

화학짱 판사

화치 변호사

케미 변호사

🐨 재판을 시작합니다. 원고 측 변론하세요.

🐑 재판할 필요가 있을까요?

🐨 그건 내가 결정하는 거요. 당신은 변론만 하면 돼.

🐑 뻔하잖아요? 23도로 설정했으면 23도를 맞춰 주면
　되지…… 엉뚱하게 영하의 온도가 되게 하여 사람
　얼어붙게 한 게 무슨 최첨단 인공지능 자동차입니
　까? 그래도굴러사가 리콜해 주는 걸로 끝냅시다.

🐨 그건 내가 결정하는 거잖아? 에이, 피고 측 변론하
　세요.

🐼 로마에 가면 로마법을 따르라는 말이 있습니다.

🐑 뜬금없이 그건 무슨 소리요?

🐼 제 변론 중에 말 끊지 마세요.

🐑 …….(머쓱)

🐼 온도를 나타내는 방법에는 여러 가지가 있습니다.
　그중 가장 많이 쓰이는 것은 섭씨온도와 화씨온도
　이지요.

🐑 그 차이가 뭐요?

🐼 섭씨온도는 물이 어는 온도를 0도로 물이 끓는 온

도를 100도로 정한 온도를 말하고 화씨온도는 물이 어는 온도를 32도 물이 끓는 온도를 212도로 나타내지요.

 그런데요?

 이 사건은 바로 이 두 온도의 차이 때문에 생긴 것입니다. 우리 과학공화국은 섭씨온도를 사용하지만 아메리슘 공화국은 화씨온도를 사용합니다. 토크카는 아메리슘 공화국에서 만든 차이므로 당연히 화씨온도를 사용하지요. 그러므로 이차도 씨가 말한 23도는 화씨 23도를 말하므로 물이 어는 온도보다 낮은 온도인 영하를 나타냅니다. 그리고 토크카는 그 온도가 되도록 자동 조절된 거지요. 그러므로 이번 사건에 대해 그래도굴러사는 책임이 없다고 생각합니다.

 판결합니다. 피고 측 변호사의 말처럼 과학공화국과 아메리슘 공화국은 서로 다른 온도를 사용하므로 이차도 씨가 아메리슘 공화국의 차를 몰 때는 아메리슘 공화국의 온도에 맞춰 온도 설정을 할 필요가 있었다고 봅니다. 그러므로 이번 사건에 대해 피고인 그래도굴러사는 이차도 씨에게 아무 책임이 없다고 판결합니다.

재판 후 이차도 씨는 토크카를 팔았다. 그리고 다시는 아메리슘 공화국의 차를 구입하지 않았다.

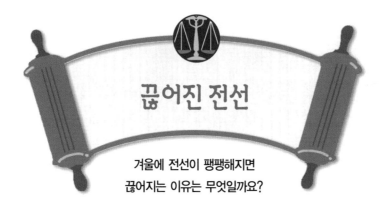

끊어진 전선

겨울에 전선이 팽팽해지면
끊어지는 이유는 무엇일까요?

**사건
속으로**

과학공화국의 서부 해안에 있는 피스 섬은 그동안 전기
가 없어 TV도 볼 수 없고 형광등도 없어 원시적인 방법
으로 불을 켜고 살았다. 그런데 정부에서는 피스 섬을 비
롯한 낙후된 마을에 전기를 공급하기로 결정했다. 과학
전력 회사는 피스 섬에 전봇대를 설치하고 전봇대 사이
사이마다 전선을 연결했다.

피스 섬 사람들은 처음 보는 전봇대를 신기한 듯 바라보
았다. 이때부터 피스 섬 사람들은 전기 제품을 이용할 수

있게 되었다. 마을 회관에는 정부에서 기증한 TV가 있어 마을 사람들이 단체로 TV를 시청했고 단체로 공동 구입한 형광등을 집집마다 설치하여 피스 섬은 이제 밤에도 대낮처럼 환하게 지낼 수 있었다.

피스 섬은 대대로 섬의 족장이 섬 주민들을 관리하는데 현재 이 섬의 족장은 고빠로 씨였다. 고빠로 씨는 40대의 남자로 바른생활 사나이였다. 그는 조금이라도 비뚤어져 있는 것을 보면 못 참는 아주 깔끔한 성격의 소유자였다. 그런 그에게 전봇대 사이에 출렁대며 걸려 있는 전선은 꼴 보기 싫은 게 당연했다.

"우리가 섬사람이라고 무시하는 거야? 왜 일직선으로 안 해 놓고 저렇게 출렁거리게 만든 거야?"

고빠로 씨는 출렁대는 전선을 보고 매일 이 말을 되풀이했다. 그리고 그는 결국 스스로 이 문제를 해결하기로 했다.

그는 육지에 잘 알고 지내는 전기 수리공인 대충해 씨를 불러 전선이 보기 흉하니 일직선으로 해 달라고 부탁했다. 대충해 씨는 전선을 조금씩 잘라 다시 전봇대에 묶는 방법으로 전선을 팽팽하게 만들었다. 그제야 고빠로 씨는 흡족해했다.

그런데 겨울이 오자 모든 집에 전기가 끊어졌다. 그것은 전선이 끊어졌기 때문이었다. 고빠로 씨는 이것은 과학 전력 회사의 부실 공사 때문이라며 이 회사를 화학법정에 고소했다.

피스 섬의 전선은 왜 끊어졌을까요? 화학법정에서 알아봅시다.

전선처럼 길이만을 가지고 있는 물체의 경우는 온도가 높으면
모양이 길어지고 낮으면 짧아집니다.

재판을 시작합니다. 원고 측 변론하세요.

고빠로 족장이 전선을 팽팽하게 한 것이 뭐가 잘못입니까? 잘못이라면 전선을 출렁거리게 설치한 과학 전력 회사의 부실 공사 때문이지요. 과학 전력 회사는 당장 피스 섬의 전선을 아주 튼튼히 해 잘 끊어지지 않는 것으로 교체할 것을 판결합니다.

헉, 뭐야? 벌써 재판 끝난 거야?

더 할 거 없잖아요?

갈수록 태산이군! 케미 변호사! 피고 측 변론!

과학 전력 회사의 전선 연구원 전선이 씨를 증인으로 요청합니다.

깡마른 체격의 40대 남자가 흐느적거리면서 증인석으로 들어왔다.

증인은 전선을 연구하지요?

네, 그렇습니다.

전선은 뭘로 만듭니까?

전기를 잘 통하는 구리선으로 만듭니다.

가만, 내가 알기로는 백금이 전기를 더 잘 통한다는데…….

백금은 보석입니다. 돼지 목에 진주 목걸이 걸 일 있습니까? 백금으로 전선을 만들면 도둑놈들이 밤마다 전선 잘라가기 바쁠 겁니다. 그래서 백금보다는 못하지만 값이 싼 구리선을 이용하지요.

그렇군요. 그럼 왜 피스 섬의 전선을 축 늘어지게 설치했지요? 고빠로 족장의 주장처럼 피스 섬 사람들을 무시해서인가요?

그렇지 않습니다. 전국 어디에서도 여름에 전선을 설치할 때는 선을 축 늘어지게 합니다.

그건 왜죠? 컨셉트인가요?

열팽창 때문이지요. 구리와 같은 금속은 여름처럼 더울 때는 잘 늘어나 길어지고 겨울처럼 추울 때는 잘 수축해 짧아지지요. 그러니까 여름에 전선을 팽팽하게 설치하면 겨울에 전선이 수축하면서 끊어지는 사고가 자주 발생한답니다. 그것을 막기 위해 여름에 전선을 축 늘어지게 설치한 것이지요.

존경하는 재판장님. 모든 물체는 온도에 따라 모양이 달라집니다. 온도가 높으면 커지고 온도가 낮으면 작아지지요. 전선처럼 길이만을 가지고 있는 물체의 경우는 온도가 높으면 길어지고 낮으면 짧아집니다. 과학 전력 회사는 겨울에 전선이 끊어지지 않게 하기 위해 여름에 전선을 축 늘어지게 설치한 것입니다. 그러므로 이번 사건은 전선을 팽팽하게 다시 설치한 고빠로 족장의 과실로 여겨지는 바 과학 전력 회사는 책임이 조금도 없다고 주장합니다.

판결합니다. 온도가 낮아지면 물체가 작아지는 것은 누구나 다 아는 사실입니다. 이때 물체에 따라 많이 작아지는 것도 있고 적게 작아지는 것도 있는데 전선의 재료인 구리는 많이 작아지는 성질을 가지고 있습니다. 그러므로 겨울에 구리선이 짧아지는 것을 생각해 과학 전력 회사는 전선을 축 늘어지게 설치한 것입니다. 그러므로 열팽창을 생각하지 않고 맘대로 전선을 팽팽하게 한 고빠로 족장이 이 사건에 책임이 있다고 판결합니다.

재판이 끝난 후 고빠로 족장은 과학 전력 회사에 손이 발이 되게 빌었다. 그리고 과학 전력 회사는 다시 피스 섬의 전선을 연결해 주었는데 지난번보다 더 축 늘어진 모습이었다.

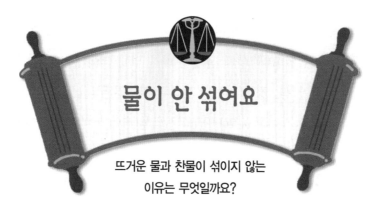

물이 안 섞여요

뜨거운 물과 찬물이 섞이지 않는
이유는 무엇일까요?

**사건
속으로**

이깔끔 양은 목욕 마니아이다. 그녀는 아파트에 욕조가 있지만 좀 더 깔끔한 목욕을 위해 매일 동네 목욕탕에 가서 때를 벗기곤 했다. 그녀는 뜨끈뜨끈한 욕조에 앉아 잠시 눈을 붙이고 앉아 있는 것을 즐겼다.

그녀는 매일 새벽 5시만 되면 어김없이 동네 목욕탕에 갔다. 그것은 다른 사람들이 사용하지 않은 깨끗한 물에 몸을 담그기 위해서였다. 그녀가 가는 목욕탕은 첫 손님이 직접 욕조에 물을 받는 것으로 되어 있는 셀프 방식이었다. 물의 온도를 맞춘다는 것이 조금 귀찮기는 하지만 자신이 원하는 온도의 물속에 들어갈 수 있어 이깔끔 양은 이 방식을 좋아했다.

그런데 마을에 그녀의 라이벌이 생겼다. 그녀의 이름은 박말끔 양. 그녀 역시 목욕물에 제일 먼저 들어가는 것을 즐겼는데 그러다 보니 두 사람은 목욕탕이 문을 열기도 전인 꼭두새벽부터 줄을 서는 진풍경을 벌였다.

그러던 어느 날 조금 늦잠을 잔 이깔끔 양이 서둘러 목욕탕으로 달려갔다. 박말끔 양이 욕조에 물을 받고 있었다. 그녀는 먼저 찬물을 절반쯤 튼 다음에 찬물을 잠그고 그 위에 더운물을 받았다.

이깔끔 양은 자신이 물을 틀고 싶었지만 어쩔 수 없이 박말끔 양에게 양보해야 했다. 그런데 때마침 찬스가 왔다. 박말끔 양은 물을 가득 받아 놓고는 갑자기 용변이 급해 화장실로 달려간 것이었다.

"이때다. 내가 제일 먼저 사용해야지."

이깔끔 양은 주저하지 않고 욕조에 풍덩 다이빙했다.

"으악."

이깔끔 양의 비명 소리였다. 이상하게 아래쪽은 차가운 물 그대로였고 위쪽은 뜨거운 물이어서 그녀가 약간의 화상을 입은 것이었다. 이깔끔 양은 자신의 화상이 박말끔 양이 물을 잘못 받았기 때문이라며 그녀를 화학법정에 고소했다.

대류가 일이니려면 아래쪽이 뜨거운 물이고
위쪽이 차가운 물이 되어야 합니다.

왜 찬물과 더운물이 섞이지 않았을까요? 화학법정에서 알아봅
시다.

 재판을 시작합니다. 피고 측 변론하세요.

뜨거운 음식을 먹을 때는 입으로 호호 불고 먹어야
하듯 욕조에 들어갈 때도 손으로 대충 온도를 느낀
다음 아주 천천히 다리부터 몸통까지 입수하는 것
이 기본자세입니다. 그런데 이깔끔 양은 그런 준비
자세 없이 성급하게 들어가서 자신이 화상을 입은
것인 만큼 물을 받은 박말끔 양에게는 책임이 없다
고 생각합니다.

 원고 측 변론하세요.

 물 섞임 연구소의 이대류 박사를 증인으로 요청합
니다.

라면처럼 머리가 곱슬한 30대의 남자가 단정한 복장을
입고 증인석에 앉았다.

 물 섞임 연구소는 뭐죠?

 물이 어떻게 섞이는가를 연구하는 곳입니다.

 그게 무슨 말이죠?

찬물과 더운물이 섞이면 어떤 물이 되지요?

미지근한 물이 되지요.

그렇습니다. 같은 양의 찬물과 더운물을 섞으면 두 온도의 중간 온도의 물이 되지요. 예를 들어 80도 물 1리터와 20도 물 1리터를 섞으면 80과 20의 평균인 50도의 물 2리터가 된다는 얘기예요.

그럼 이상하군요. 이번 사건에서 박말끔 양은 찬물과 더운물을 모두 틀지 않았습니까? 그럼 미지근한 물이 되어야 하는 거 아닌가요?

변호사님이 대류에 대해 몰라서 하는 말입니다. 냄비 물을 가스레인지에 올려놓으면 아래쪽 물부터 뜨거워지다가 나중에는 위쪽의 물도 뜨거워집니다. 이것은 뜨거운 냄비 바닥 주위의 물이 에너지를 얻어 뜨거워지게 되고 이로 인해 부피가 커져 밀도가 작아지기 때문이지요. 밀도가 작은 물체는 뜨려는 성질이 있으니까 위로 올라가게 되고 뜨거운 온도의 물이 위로 올라가 위쪽의 차가운 물에 에너지를 공급하여 위쪽의 물도 뜨거워지는 거지요. 이렇게 열이 위로 골고루 퍼져 나가는 것을 대류라고 부릅니다.

그럼 왜 박말끔 씨가 받은 욕탕 물에서는 대류가 일어나지 않았지요?

그건 찬물을 먼저 받았기 때문입니다. 대류가 일어나려면 아래쪽이 뜨거운 물이고 위쪽이 차가운 물이 되어야 합니다. 그 반대로 되면 위쪽의 밀도가 작은 뜨거운 물이 저절로 아래로 가라앉지는 않으니까 물이 섞이지 않게 되지요. 그래서 대류가 안 일어나는 것입니다.

그렇군요. 존경하는 재판장님! 이번 사건은 박말끔 양의 화학에 대한 무지에서 일어난 과실 상해 사건입니다. 그러므로 이깔끔 양의 부상에 박말끔 양의 책임이 100% 있다고 주장합니다.

판결합니다. 원고 측 변호사의 주장처럼 대류가 일어나지 않는다는 것을 모르고 욕탕에 찬물을 먼저 붓고 나중에 뜨거운 물을 부은 박말끔 양의 과실이 인정됩니다. 하지만 성급하게 물의 온도도 체크하지 않은 채 탕 속에 다이빙한 이깔끔 양의 책임 또한 없다고 할 수 없는 바 이번 사건은 두 사람의 쌍방 과실로 인정합니다.

재판 후 박말끔 양은 이깔끔 양을 찾아가 자신의 잘못을 사과하고 판결대로 병원비의 절반을 부담했다. 그 후 두 사람은 아주 절친한 친구가 되었다.

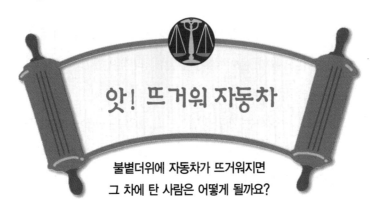

앗! 뜨거워 자동차

**불볕더위에 자동차가 뜨거워지면
그 차에 탄 사람은 어떻게 될까요?**

**사건
속으로**

케미로 시티에서 화학 회사에 다니는 이케믹 씨는 결혼 10년 만에 첫아이를 낳았다. 이케믹 씨 부부는 아이가 귀엽게 자라는 모습에 힘든 일도 모두 잊을 수 있을 정도로 기뻤다.

5년이 흘러 이케믹 씨의 아이는 유치원을 다니게 되었다. 그런데 케미로 시티의 여름 날씨가 심상치 않았다. 지구 온난화 때문인지 몰라도 이주일째 불볕더위였다.

하지만 이케믹 씨는 아이를 캠프에 보내기로 결정했다.

아이가 인솔 교사의 지도 아래 시원한 계곡에 다녀오면 더위도 잊을 수 있고 독립심도 배울 수 있을 것 같아 신청한 것이었다.

연일 불볕더위가 기승을 부리던 어느 날 캠프 회사로부터 전화가 왔다. 캠프 차가 주차되어 있는 주차장으로 아이를 데리고 오라는 것이었다.

이케믹 씨가 도착했을 때 캠프 차는 땡볕더위 속에서 달구어져 있었다. 잠시 후 캠프 인솔 교사가 사무실에서 나왔다.

"이제 아버님은 가셔도 됩니다. 저희들에게 맡기세요."

캠프 인솔 교사는 이렇게 말하고 이케믹 씨의 아이를 캠프 차에 태우고 문을 닫았다.

"아버님! 아직 캠프 비를 안 내셨지요? 저를 따라오세요. 사무실에서 바로 지불하시면 됩니다."

인솔 교사가 웃으며 말했다. 사무실 직원들은 다른 캠프 지원자들을 접수받느라 분주했다. 한참 후 이케믹 씨의 차례가 되어 이케믹 씨는 신용카드로 캠프 비를 결제했다.

밖으로 나온 이케믹 씨는 마지막으로 아들의 모습을 보기 위해 차 문을 열었다. 후끈후끈한 열기가 용광로처럼 솟아나왔다. 아이는 더위에 지쳐 열병을 앓고 있었다.

결국 이케믹 씨의 아이는 캠프를 갈 수 없었는데 이에 화가 난 이케믹 씨는 캠프 회사를 화학법정에 고소했다.

이케믹 씨의 아이는 왜 열병을 앓았을까요? 화학법정에서 알아봅시다.

차 문을 빨리 여닫아 주면 바깥의 차가운 공기가 안으로 들어오고 안의 더운 공기는 밖으로 빠져나가 차 안의 온도가 내려갑니다. 이는 공기의 흐름 때문입니다.

재판을 시작합니다. 피고 측 변론하세요.

 요즘 날씨를 보세요. 장난 아니게 덥잖아요? 이런 무더운 날씨에서는 어느 곳인들 안 덥겠습니까? 자동차 안도 마찬가지고요. 그러니까 이런 더위에는 그저 방에 콕 틀어박혀 시원한 팥빙수나 먹는 게 최고지요. 이 더위에 캠프는 무슨 얼어 죽을 캠프입니까?

 화치 변호사! 지금 변론한 거요?

 이상입니다.

 …… 헉! 원고 측 변론하세요.

 자동차 열 연구소의 이차열 박사를 증인으로 요청합니다.

노란 양복을 입은 키가 아담한 30대 남자가 증인석에 앉았다.

 자동차 열 연구소는 뭐하는 곳이죠?

 자동차와 열과의 관계를 연구합니다.

 자동차 안이 덥나요?

 여름에는 살인적입니다.

 무슨 말씀이지요?

한여름에 바깥 온도가 31도일 때 자동차 안의 온도는 64도가 넘습니다.
그리고 시간이 더 흐르면 차 안의 온도는 거의 100도에 가까워진답니다.

이차열 박사는 자동차 열 연구소의 실험 동영상을 틀어 주었다.

🐶 무시무시하군요.

🐑 그렇습니다. 이런 온도에서는 사람이 견딜 수 없습니다. 특히 아이들의 경우는 더욱 위험하지요.

🐶 놀랍군요. 자동차 안의 온도를 낮출 수 있는 방법은 없나요?

🐑 간단한 방법이 있습니다.

🐶 그게 뭐죠?

🐑 조수석의 유리창을 열고 운전석 문을 다섯 번 정도 빠르게 열고 닫는 것입니다.

🐶 그러면 차가 시원해집니까?

🐑 네.

🐶 그 이유는 뭐죠?

🐑 공기의 흐름 때문입니다. 차 문을 빨리 여닫아 주면 바깥의 차가운 공기가 안으로 들어오고 안의 더운 공기는 밖으로 빠져나가 차 안의 온도가 내려가기 때문이지요.

🐶 판사님! 증인의 말처럼 캠프 인솔 교사는 차 문을 여러 번 여닫는 방법으로 차 안의 온도를 낮춘 다음 아이를 태울 수도 있었습니다. 또한 차의 시동을 걸고 에어컨을 틀어 놓아도 됩니다. 하지만 인솔 교사는 차 안의 온도가 아이에게 치명적인 위험이 됨에도 불구하고 그런 조치를 취하지 않았으므로 모든 책임은

캠프 회사와 인솔 교사에게 있다고 주장합니다.

판결합니다. 우리는 여름에 자동차 안의 온도가 어린아이를 죽일 수 있을 정도까지 올라간다는 것을 이번 재판을 통해 알았습니다. 어른들의 과학적 무식함으로 꽃다운 어린아이들이 자동차 안에서 죽어 가는 일을 방지하기 위해서라도 이번 사건에 대해 피고인 캠프 회사와 인솔 교사에게 엄벌을 내리지 않을 수 없군요. 캠프 회사는 이케믹 군의 아들의 육체적, 정신적 위자료를 지급하며 한 달 동안 영업정지를 명령합니다.

재판 후 캠프 회사는 인솔 교사들에게 캠프 차에 아이들을 태울 때의 요령에 대한 재교육을 시켰고 캠프 회사의 주차장에는 대형 천막이 설치되어 차가 뜨거워지는 것을 막았다.

열 이야기

열의 이동

찬밥을 그대로 놔두면 더운밥이 되나요? 아니에요. 찬밥이 저절로 뜨거워지는 일은 없어요. 그럼 어떻게 해야 더운밥이 되죠? 찬밥을 전자레인지에 넣어 보세요. 조금 있다 꺼내면 김이 모락모락 나는 더운밥이 되어 있을 거예요. 전자레인지가 찬밥에 에너지를 주었기 때문에 찬밥의 온도가 올라간 거죠. 그러니까 다음과 같은 사실을 알 수 있어요.

● 온도가 낮은 물체가 에너지를 얻으면 온도가 높은 물체가 된다.

온도가 낮은 물체에 열을 주어서 온도를 올리는 장치들이 많이 있어요. 찬밥으로 만들 수 있는 제일 맛있는 요리는 볶음밥이지요. 프라이팬에 찬밥을 넣고 재료들을 섞고 가스레인지를 켜면 가스레인지의 열이 프라이팬을 통해 찬밥으로 이동하지요. 그래서 찬밥은 따뜻한 볶음밥으로 변하게 되지요. 그러니까 물체의 온도를 올리는 데는 외부에서 에너지를 공급해 주어야 하지요.

 더운밥은 그대로 놔두면 찬밥이 되지요? 이건 왜 그런가요? 온도가 높은 물체가 온도가 낮아지는 것은 저절로 일어나는 현상이기 때문이에요. 온도가 높은 물체는 에너지가 크지요. 그러니까 에너지를 버리면 온도가 낮아지지요. 그럼 그 에너지는 어디로 갔을까요? 그 에너지는 주위로 흘러가요. 그러니까 주위는 열을 얻어 온도가 올라가요. 만일 밀폐된 작은 방에 더운밥을 많이 놔두면 더운밥이 식으면서 나오는 열 때문에 방의 온도가 올라가요. 그러니까 다음과 같은 사실을 알 수 있어요.

- 온도가 높은 물체는 주위에 에너지를 주고 온도가 낮은 물체가 된다.

 이렇게 열이 온도가 높은 곳에서 낮은 곳으로 이동하는 것이 열의 이동에 대해 중요한 법칙이에요.

온도의 뜻

열을 받은 물체는 온도가 올라가고 열을 준 물체는 온도가 내려가요. 그렇다면 온도는 뭘까요? 온도는 물체의 뜨겁고 차가운 정도를 수로 나타낸 값이에요. 그 수를 표시하는 장치를 온도계라고 해요. 우리는 주로 섭씨온도를 사용하지요. 섭씨온도는 물이 얼음이 될 때의 온도를 0도로 하고 그보다 높은 온도는 영상으로 그보다 낮은 온도는 영하로 나타내요. 물이 어는 날은 춥지요? 그보다 더 온도가 낮은 날은 더 춥겠지요? 그런 날의 온도는 영하의 온도가 될 거예요. 영하 1도는 0도보다 1도가 낮은 온도예요. 반대로 영상 1도는 0도보다 1도가 높은 온도예요.

미국을 여행해 본 사람들은 온도계에 나타난 숫자를 보고 깜짝 놀랄 거예요. 왜냐고요? 무지무지 추운데 온도계는 32도라고 표시되어 있으니까요. 그 이유는 뭘까요? 미국은 다른 나라와 다른 온도 체계를 사용하기 때문이에요. 우리는 섭씨온도를 사용하는데 미국 사람들은 화씨온도를 사용하지요. 화씨온도에서는 물이 어는 온도를 32도로 끓는 온도를 212도로 나타내지요. 그러니까 화씨 32도라면 물이 얼 정도로 추운 날씨이니까 우리가 놀랄 만도 하지요.

온도의 정확한 의미

이제 온도의 뜻을 좀 더 정확하게 알려 줄게요. 모든 물질은 분자라는 작은 알갱이들로 이루어져 있어요. 물질이 열을 받으면 분자들의 운동에너지가 커져요. 그런데 물질 속의 분자들의 운동에너지가 모두 똑같은 것은 아니에요. 이때 분자들의 운동에너지의 평균을 온도라고 해요. 운동에너지가 큰 분자는 활발하게 움직여요. 그래서 온도가 높은 물체 속의 분자들이 활발하게 움직이지요. 그러니까 뜨겁다는 것은 분자들이 활발하게 움직인다는 뜻이에요.

열과 온도

어떤 물체가 가지고 있는 열의 양을 열량이라고 해요. 그럼 열량이 많은 물체가 온도가 높은 물체일까요? 아니에요. 열량과 온도는 다른 개념이에요. 같은 온도의 두 물체가 있다고 했을 때 하나는 100g이고 다른 하나는 200g이라고 가정해 보면 두 물체의 온도는 같아요. 하지만 200g짜리에 분자들이 더 많이 있어요. 그러므로 분자 하나의 에너지는 같지만 분자의 개수가 더 많은 200g짜리가 에너지가 더 많지요. 물체 속 분자들 전체의 에너지는 물체의 열량이지요. 그러니까 같은 온도라 하더라도 200g짜리가 100g짜리보다 열량이 커요.

온도가 높은 물체의 열량이 온도가 낮은 물체의 열량보다 항상 클까요? 아니에요. 온도는 분자의 운동에너지의 평균이라고 했지요? 이런 걸 생각해 봐요. A반은 학생이 5명인데 평균이 70점이고 B반은 학생이 10명인데 50점이에요. 그럼 어느 반의 평균이 더 높나요? 물론 A반이에요. 그럼 어느 반 학생들의 총점이 더 높나요? 그것은 평균만으로는 알 수 없지요. A반의 총점은 350점이고 B반의 총점은 500점이니까 총점은 B반이 오히려 더 높지요. 여기서 평균을 온도로 총점은 열량으로 생각해 봐요. 그러니까 온도가 낮더라도 분자의 개수가 엄청나게 많으면 온도가 높은 물체보다 열량이 더 클 수 있어요.

예를 들어 빙산의 온도는 낮지만 질량이 크므로 한잔의 커피가 가지는 열량보다 더 큰 열량을 가지고 있지요. 이렇게 열량은 온도가 작은 물질이 더 클 수 있으니까 온도와 비례한다고 말할 수는 없어요.

라면 세 개를 끓이려고 해요. 세 개의 라면을 하나의 냄비에 끓이는 것과 세 개의 냄비에 한 개씩 끓이는 것과 어떤 차이가 있을까요? 한 냄비에 새 개의 라면을 끓일 때는 물의 양이 하나를 끓일 때의 세 배가 필요해요. 그러니까 가스레인지가 사용하는 열량은 똑같아요. 하지만 가스레인지의 열이 냄비 속의 물에 전해져서 물을 끓게 하는 데 걸리는 시간은 세 개의 냄비로 나누어 끓일 때가 더 적게 걸려요. 그러니까 세 사람이 빨리 라면을 먹고 싶으면 세 개의 냄비에 따로 끓이는 것이 좋겠지요.

열팽창

물체가 열을 받으면 왜 부피가 늘어날까요? 물체는 분자로 이루어져 있어요. 열을 받으면 분자들의 운동에너지가 커져요.

그러니까 분자들이 활발하게 움직여요. 그러다 보니 분자들 사이의 거리가 멀어지지요. 그래서 부피가 늘어나는 거예요. 반대로 온도가 내려가면 분자들의 운동에너지가 작아져 분자들의 운동이 느려지지요. 그래서 물체의 부피가 줄어들지요.

손에 꽉 낀 반지를 뺄 때는 어떻게 하면 좋을까요? 제일 간단한 방법은 더운물에 손을 담그는 것이에요. 그러면 열을 받은 반지가 늘어나 손가락에서 잘 빠져나오지요. 한여름에는 베란다와 거실 사이의 유리문을 여닫기가 힘들 거예요. 이것도 알루미늄 창틀이 늘어났기 때문이지요. 또 고속도로를 가 보면 도로와 도로 사이에 철로 이음새를 한 부분이 약간 벌어져 있어요. 왜 틈이 있을까요? 이것은 계절에 따라 도로가 늘어나는 비율이 다르기 때문이에요. 겨울에는 도로가 적은 열을 받아 별로 늘어나지 않지만 한여름에는 많은 열을 받아 도로가 늘어나지요. 그러니까 그 틈은 여름에는 도로가 늘어나 채워지고 겨울에는 도로가 오므라들어 여러분의 눈에 보이는 거지요. 만일 그 틈을 만들어 놓지 않으면 여름에 도로가 늘어나 위로 불룩하게 솟아오르게 될 거예요.

열의 이동 방법

열은 뜨거운 곳에서 차가운 곳으로 이동해요. 열이 이동하는 방식에는 다음과 같이 세 가지 방식이 있어요.

- 전도
- 대류
- 복사

여기에서는 열의 전도에 대해서만 얘기하죠. 열이 물질을 통해 직접 이동되는 것을 열의 전도라고 하지요. 열은 단단할수록 더 잘 전달되지요. 그러니까 기체보다는 액체, 액체보다는 고체에서 더 잘 전달돼요. 같은 고체라 하더라도 단단한 물질이 열을 잘 전달하지요. 보통 전기를 잘 통하는 물체가 전도성이 좋으며 금속이 전도성이 좋은 물질이지요.

뜨거운 라면을 먹을 때는 나무젓가락을 주로 사용하지요. 그 이유는 뭘까요? 그것은 나무가 전도성이 작기 때문이에요. 만일 은으로 된 젓가락을 이용하면 손으로 쥔 부분이 빨리 뜨

열의 이동 방법에는 전도, 대류, 복사가 있답니다.

거워지지요. 은은 전도성이 아주 좋은 금속이니까요.

금속의 전도성이 좋다는 것을 쉽게 확인할 수 있어요. 한여름에 주차장에 세워 둔 자동차를 만져 보세요. 무지무지 뜨겁지요? 이건 금속의 전도성이 좋아 자동차의 열이 여러분의 손으로 빨리 전달되기 때문이에요.

또 이런 얘기를 해 보죠. 겨울에 고무신과 털신 중 어느 신발이 더 따뜻할까요? 당연히 털신이죠. 털은 고무보다 전도성이 나빠요. 그러니까 여러분의 발에 있는 열을 밖으로 잘 못 나가게 하니까 털신을 신었을 때 더 따스함을 느끼는 거예요. 털이나 코르크 스티로폼처럼 공기가 많이 들어간 물질들은 전도성이 나쁘죠. 그건 기체인 공기가 전도성이 나쁘기 때문이에요. 이런 이유에서 아파트에서는 열이 바깥으로 못 빠져나가도록 이중창을 사용하지요. 이중창 사이에는 공기가 있고 공기는 전도성이 나쁘니까 집 안의 열이 밖으로 잘 못 빠져나가지요. 그래서 겨울에도 따뜻하게 지낼 수 있어요.

공기보다 더 전도성을 나쁘게 할 수 있어요. 아예 공기조차도 없으면 되지요. 이런 상태를 진공이라고 하는데 진공을 통해서는 열이 전달되지 않아요. 그러니까 그 안의 온도를 그대로 유지할 수 있어요. 진공을 이용한 장치로는 보온병이 있어요. 보온병은 이중벽으로 되어 있고 그 안이 진공이므로 안에 뜨거운 물을 넣어 두면 뜨거운 물의 열이 바깥으로 나가지 않기 때문에 뜨거운 물이 그 온도를 그대로 유지하지요. 그래서 몇 시간이 지난 다음에도 뜨거운 물을 먹을 수 있어요.

이번에는 열이 대류에 의해 전달되는 방식에 대해 얘기해 보죠. 열이 물질을 통해 직접 이동하는 방식이 전도예요. 그럼 대류는 어떻게 열이 이동하는 방식일까요? 가장 간단한 대류 현상을 보지요. 냄비에 물을 받아 가스레인지에 올려놓아 봐요. 가스레인지는 냄비에 열을 공급하지요. 냄비는 금속이므로 열의 전도성이 좋아요. 그래서 빨리 뜨거워지지요. 뜨거운 냄비의 바닥과 닿은 물은 냄비로부터 열을 받지요. 물은 분자들로 이루어져 있는데 아래쪽에 있는 분자들이 먼저 에너지가 커져서 분자들 사이의 거리가 멀어지지요. 그러니까 아래쪽의 분자들의 부피가 커져 밀도가 작아지죠. 밀도가 작아진 뜨거운 물은 위로 올라가게 되지요. 한편 아직 열을 받지 못한 위쪽 분자들은 밀도가 크니까 가라앉으려고 할 거예요. 그럼 아래쪽의 뜨거운 물이 위쪽의 차가운 물과 자리를 바꾸게 되지요. 뜨거운 물은 위로 올라갈수록 다른 분자들과 많이 부딪쳐서 에너지를 잃어 차가워지고, 위쪽의 차가운 물은 바닥에 내려와 뜨거운 냄비와 닿아 뜨거워져 다시 위로 올라가 차가운 물과 자리를 바꾸게 되지요. 이렇게 일정하게 자리바꿈이 일어나면서 열이 이동하는 방식을 대류라고 하지요.

공기는 어떻게 대류할까요? 대류는 주로 액체나 기체를 통해 열이 전달돼요. 그럼 왜 바람이 부는지에 대해 알아보죠. 낮에 땅바닥이 뜨거워지면 바닥의 공기가 뜨거워지지요. 공기는 기체이니까 뜨거워지면 부피가 커져 밀도가 작아지지요. 주변의 공기보다 밀도가 작은 뜨거운 공기는 위로 올라가게 됩니다. 이렇게 위로 올라간 공기 분자들은 다른 공기 분자들과 부딪치면서 에너지를 잃게 되므로 온도가 낮아지게 되지요. 그럼 다시 부피가 작아지니까 밀도가 커지겠죠? 그러니까 다시 바닥으로 떨어지게 되는 거예요. 이렇게 공기는 위로 올라갔다가 내려오는 일을 반복하면서 움직이지요. 이런 공기의 흐름이 바람을 일으킨답니다.

이번에는 복사에 의한 열의 이동에 대해 알아보죠. 고체 상태의 물질을 통해 열이 직접적으로 전달되는 것이 전도이고 액체나 기체 상태의 물질을 이루는 분자들이 자리바꿈을 하면서 열을 전달하는 것이 대류이지요. 이렇게 전도나 대류는 물질을 통해 열을 전달하지요. 열이 전달되는 방식에는 이 두 가지만 있지는 않아요.

한낮에 태양 빛은 어떻게 우리에게 열을 전해 줄까요? 하늘에 있는 공기를 통해서요? 아니에요. 지구를 공기가 둘러싸고 있지만 지구와 태양 사이를 가득 채우고 있지는 않아요. 그러니까 태양과 지구의 대기권 사이에는 공기가 없지요. 그럼 어떤 물질이 있나요? 아무 물질도 없답니다. 그런데 어떻게 열이 전달되나요? 이렇게 물질이 없는 데도 열이 전달되는 방식을 복사라고 하지요.

태양에서는 빛이 나오지요? 빨강, 주황, 노랑, 초록, 파랑, 남색, 보랏빛이 섞여 흰빛이 되어 우리에게 오지요. 빨간빛보다는 주황빛이 에너지가 크지요. 또 주황빛보다는 노란빛이

에너지가 커요. 그러니까 빨강에서 보라로 갈수록 에너지가 큰 빛이에요. 그런데 우리 눈에 보이지 않는 빛도 있어요. 빨간빛보다 에너지가 작은 빛을 적외선이라고 하는데 우리 눈으로는 볼 수 없지요. 이 적외선이 우리 몸에 부딪쳐 우리를 따뜻하게 해 주는 거예요. 그러니까 태양은 우리에게 빛과 동시에 열도 전해 주지요. 그것은 태양이 아주 뜨겁기 때문이에요. 이렇게 뜨거워진 물체는 빛과 동시에 열을 우리에게 전해 주는데 이렇게 열을 전달하는 것을 복사라고 하지요.

상태변화에 대한 사건

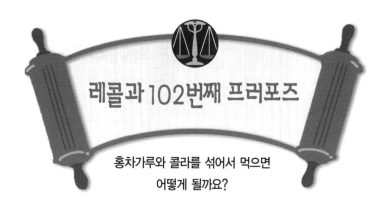

레콜과 102번째 프러포즈

홍차가루와 콜라를 섞어서 먹으면
어떻게 될까요?

사건 속으로	백한번 씨는 지금까지 백한번 맞선을 보았다. 그는 몸무게가 100킬로그램을 넘고 얼굴이 우락부락해 여자들에게 인기가 별로 없었다. 그러던 어느 날 백한번 씨에게 전화가 왔다. "한번! 오늘 소개팅해라!" 친구인 한두번 씨였다. 한두번 씨는 꽃미남 외모 덕에 여자랑 한두 번만 만나도 작업에 성공하는 천하의 바람둥이였다. 백한번은 한두번이 가르쳐준 대로 시내 카페 케

믹드림에 서둘러 나갔다.

백한번은 소개팅에 나온 여자를 보고 깜짝 놀랐다. CD 한 장으로도 가려질 듯한 조막만한 얼굴에 호리호리한 몸매, 긴 금발 생머리와 아름다운 눈을 지닌 천하절색의 미녀였기 때문이었다.

백한번의 가슴은 콩닥콩닥 뛰기 시작했다. 무슨 얘기를 할까 고민하고 있던 백한번 씨에게 잠시 후 종업원이 와서 물었다.

"주문하시겠어요?"

"여기서 제일 맛있고 비싼 주스가 뭐죠?"

백한번이 물었다.

"레콜이에요."

종업원이 대답했다.

"그게 뭐죠?"

"콜라에 레몬 맛 홍차가루를 탄 건데 맛이 끝내 줘요."

"좋아요. 그걸로 두 잔 주세요."

백한번은 여자를 슬쩍 바라보더니 두 잔을 주문했다. 잠시 후 종업원이 콜라 두 잔과 통 하나를 들고 왔다. 통 안에는 레몬 맛 홍차가루가 들어 있었는데 이를 콜라에 부어 마시는 것이었다.

백한번은 처음 먹어 보는 것이지만 워낙 식성이 좋은 그였기에 그 어떤 음식도 먹을 수 있다고 자부했다. 그는 콜라에 가루를 듬뿍 부은 다음 한번에 마셨다. 그런데 갑자기 입 안에서 이상한 일이 벌어졌다.

음료들 속에는 기체인 이산화탄소가 녹아 있습니다.
이렇게 음료 속에 기체가 들어 있는 것을 기체가 용해되어 있다고 말합니다.

도저히 삼킬 수 없는 상황이 발생한 것이었다. 잠시 후 백한번의 입에서 거품이 튀어 나가더니 여자의 흰 드레스에 쏟아졌다. 여자는 무지 화를 내며 자리를 빠져나갔고 백한번의 백두 번째 프러포즈는 또다시 실패했다.

백한번은 자신의 소개팅 실패가 레콜이라는 이상한 주스 때문이라며 케믹드림 카페를 화학법정에 고소했다.

| 여기는 화학법정 | 레콜은 왜 백한번의 입 안에서 폭발했을까요? 화학법정에서 알아봅시다. |

 재판을 시작합니다. 피고 측 변론하세요.

 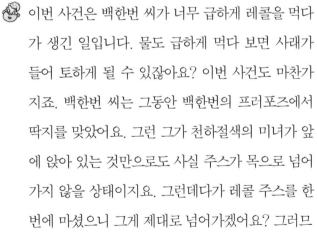 이번 사건은 백한번 씨가 너무 급하게 레콜을 먹다가 생긴 일입니다. 물도 급하게 먹다 보면 사래가 들어 토하게 될 수 있잖아요? 이번 사건도 마찬가지죠. 백한번 씨는 그동안 백한번의 프러포즈에서 딱지를 맞았어요. 그런 그가 천하절색의 미녀가 앞에 앉아 있는 것만으로도 사실 주스가 목으로 넘어가지 않을 상태이지요. 그런데다가 레콜 주스를 한번에 마셨으니 그게 제대로 넘어가겠어요? 그러므

로 케믹드림 카페는 이번 사건에 대해 아무 책임이 없다는 것이 저의 주장입니다.

👹 좋았어요. 그럼 이번엔 원고 측 변론!

👨 이번 사건을 조사하다 보니 레콜 주스에 문제점이 발견되었습니다. 그 부분을 증언해 줄 탄산음료 연구소의 이톡톡 박사를 증인으로 요청합니다.

노랗게 물들인 파마머리에 노란 테 안경을 쓴 20대 후반의 젊은이가 증인석에 앉았다.

👨 탄산음료라는 것이 뭐죠?

🧑 콜라와 사이다와 같이 톡톡 튀는 음료지요.

👨 왜 톡톡 튀는 거죠?

🧑 그 음료들 속에는 기체인 이산화탄소가 녹아 있습니다. 이렇게 음료 속에 기체가 들어 있는 것을 기체가 용해되어 있다고 말하지요. 그런데 기체는 설탕과 같은 고체와 달리 음료에 잘 녹지 않아 큰 압력으로 억지로 들어 있게 한답니다. 그런데 이것이 보통의 압력 상태에 놓이면 얼씨구나 하면서 위로 튀어 오르게 되는데 이때 음료 분자들이 함께 튀어 나가게 되는 것입니다.

👨 그럼 이번 사건처럼 콜라와 같은 탄산음료에 어떤 가루를 넣어 함께 마시면 입 안에서 폭발할 수 있나요?

네, 그렇습니다. 콜라와 같은 탄산음료와 고운 분말을 함께 섞으면 순간적으로 기포가 많이 만들어지지요. 이렇게 많이 만들어진 기포들이 밖으로 한꺼번에 튀어나오려고 하니까 콜라가 폭발하는 것처럼 뿜어 나오게 되는 것입니다.

위험한 음료이군요. 잘 알았습니다. 존경하는 재판장님. 증인의 말처럼 콜라와 같은 탄산음료에 고운 분말은 입 속에서 폭발적으로 넘치는 일이 발생합니다. 그러므로 이번 사건은 원고 측의 주장처럼 레콜이라는 위험한 음료를 만들어 낸 케믹드림 카페에 그 책임이 있다고 주장합니다.

판결합니다. 백한번 씨의 백두 번째 프러포즈 실패는 입 속 폭발 음료인 레콜을 개발한 케믹 카페에 그 책임이 있다고 봅니다. 그러므로 앞으로는 탄산음료에 가루를 함께 넣는 것을 금지하는 식품 관리법 개정안을 정부에 건의하려고 합니다. 그러므로 케믹드림 카페는 이번 사건에 책임을 지고 백한번 씨의 기를 살려 주시기 바랍니다.

재판 후 케믹드림 카페 사장은 백한번 씨를 찾아가 정중히 사과했고 그에게 백세 번째 소개팅을 시켜 주었다. 백한번 씨는 백세 번째 소개팅에서 드디어 피앙새를 만났고 곧 결혼식을 올릴 예정이다.

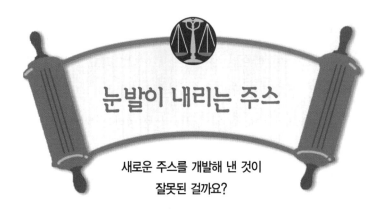

눈발이 내리는 주스

새로운 주스를 개발해 낸 것이
잘못된 걸까요?

**사건
속으로**

케미쿠 시티는 아름다운 노천카페가 많아 관광객들의 발
길이 끊이질 않았다. 케미쿠 시티의 카페는 알켐 호수를
주변으로 밀집돼 있었는데 그것은 이 호수가 세계에서
가장 아름다운 호수였기 때문이었다.

그래서인지 알켐 호수가 내다보이는 카페촌은 항상 인산
인해를 이루었다. 하지만 최근 과학공화국의 불경기와
새로 개발된 로니 호수로 관광객들이 몰리는 바람에 알
켐 호수 카페촌은 파리를 날리고 있었다.

어직 감탄하긴 일러.
기대하시라.

어머~ 눈꽃이야!
넘 예쁘다.

과냉각 상태는 아주 불안정한 상태입니다. 이때 얼음 조각을 넣으면
음료수가 순식간에 얼기 시작하면서 눈꽃이 만들어진답니다.

그러던 어느 날 알켐 카페촌에서 슬러시 카페를 운영하는 이눈꽃 씨는 새로운 주스를 개발했다. 그 주스는 일명 눈발이 내리는 주스라는 이름을 가지고 있었는데 이 소식이 인기 TV 프로그램인 '맛 찾아 삼천리' 라는 프로그램을 통해 전국에 소개되고 나서 전국의 관광객들이 그의 카페에 몰려들었다.

가뜩이나 손님이 없는데 온 손님들마저도 슬러시 카페에 모두 빼앗긴 다른 카페 주인들은 이눈꽃 씨가 사기로 사람들을 유혹한다며 그를 화학법정에 고소했다.

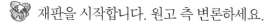

여기는
화학법정

눈발이 내리는 주스의 원리는 뭘까요? 화학법정에서 알아봅시다.

화학짱 판사

화치 변호사

케미 변호사

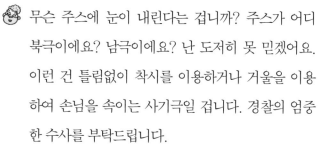 재판을 시작합니다. 원고 측 변론하세요.

무슨 주스에 눈이 내린다는 겁니까? 주스가 어디 북극이에요? 남극이에요? 난 도저히 못 믿겠어요. 이런 건 틀림없이 착시를 이용하거나 거울을 이용하여 손님을 속이는 사기극일 겁니다. 경찰의 엄중한 수사를 부탁드립니다.

그럼 피고 측 변론하세요.

눈발이 내리는 주스를 발명한 이눈꽃 씨를 증인으로 요청합니다.

은빛으로 염색한 머리가 조명을 받아 빛나는 30대 초반의 남자가 증인석에 앉았다.

정말로 눈이 내리는 주스를 만들 수 있습니까?

그렇습니다. 만드는 방법은 다음과 같습니다.

이눈꽃 씨가 궤도를 펼쳤다.

눈이 내리는 주스 제조법

1) 큰 그릇에 얼음을 채운 뒤 물과 소금 한 접시를 골고루 퍼지게 섞는다.

2) 얼음물에 푹 잠기게 음료수 병을 넣고 30분 기다린다.

3) 음료수 병의 뚜껑을 열어 잔에 살살 따른다.

4) 잔에 얼음 조각을 떨어뜨린다.

사람들이 궤도를 보는 동안 이눈꽃 씨는 그 순서대로 눈이 내리는 주스를 만들고 있었다.

🐾 정말이군요! 이런 주스가 있다는 게. 이거 뭐 이제 게임은 끝났네.

🐾 케미 변호사! 지금은 게임이 아니라 재판이요.

🐾 죄송합니다. 이눈꽃 씨! 어떤 원리 때문에 이런 일이 가능한 거죠?

🐾 바로 과냉각 현상 때문입니다.

🐾 그게 뭐죠?

🐾 불순물이 없는 깨끗한 용액을 진동이 없는 상태에서 서서히 온도를 내리면 어는점 이하까지 내려도 얼지 않은 액체 상태가 만들어지지요. 이것을 과냉각 상태라고 부릅니다.

🐾 눈꽃은 왜 만들어지는 거죠?

🐾 과냉각 상태는 아주 불안정한 상태입니다. 즉 음료수가 얼어야

과냉각 상태는 아주 불안정한 상태이지만
눈이 내리는 신기한 주스를 만드는 원리가 되기도 합니다.

하는지 말아야 하는지 혼란이 생긴 상태이지요. 이때 얼음 조각을 넣으면 음료수가 정신을 차리고 순식간에 얼기 시작하면서 눈꽃이 만들어지는 것입니다.

존경하는 재판장님! 게임…… 아니 재판은 끝났습니다. 직접 눈으로 보시지 않았습니까?

판결합니다. 과학에서 눈으로 직접 본다는 건 아주 중요한 일이죠. 특히 화학에서는 더욱더 그렇고요. 아무튼 오늘 아주 멋진 주스 만드는 방법을 알았습니다. 사람만 헛갈리는 게 아니라 용액도 헛갈린다는 사실도 처음 알게 되었고요. 아무튼 이번 재판은 피고 이눈꽃 씨는 사기 행위를 하지 않았다고 판결합니다.

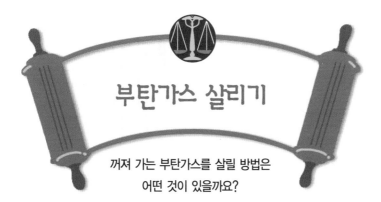

부탄가스 살리기

꺼져 가는 부탄가스를 살릴 방법은
어떤 것이 있을까요?

사건 속으로

케믹시티에 사는 대학생 이부탕 씨는 친구들과 야유회를 떠나기로 했다. 야유회 장소는 케믹시티를 가로지르는 아름다운 케미오 강의 상류에 있는 조용한 유원지였다.

모두 서로 챙겨 갈 짐을 나누었는데 이부탕 씨는 부탄가스를 충분히 준비하기로 하였다.

드디어 이부탕 씨와 친구들은 기차를 타고 케미오 강 상류의 가싱 마을에 도착했다. 모두 아침을 거르고 나온 탓에 먼저 점심부터 해결하고 놀기로 했다.

"부탕! 부탄가스는?"

가스버너를 가지고 온 가스오 씨가 물었다.

"잠깐 기다려."

이부탕 씨는 이렇게 말하고는 가방 속에서 부탄가스를 찾았다.

"아니 이럴 수가!"

이부탕 씨는 놀라 소리쳤다.

"무슨 일이야?"

친구들이 이부탕 씨의 주위로 몰려들었다.

"부탄가스를 모두 집에 놓고 왔어!"

이부탕 씨가 기어 들어가는 목소리로 말했다. 대략 난감한 일이 벌어졌다. 하는 수 없이 일행은 가스버너에 꽂혀 있던 부탄가스 한 통으로 라면을 끓이기로 했다.

그런데 라면을 끓이던 도중 불꽃이 불그스름해지더니 곧 꺼져서 생라면을 먹는 신세가 되었다. 이로 인해 소화불량으로 고생하던 이부탕 씨의 친구 한언처 씨는 심하게 얹혀 병원에 입원했다.

한언처 씨는 이 사고가 부탄가스를 가지고 오지 못한 이부탕 씨 때문에 일어났다며 이부탕 씨를 화학법정에 고소했다.

부탄가스통에는 기체 부탄이 있는 게 아니라 액체 상태의 부탄이 들어 있답니다.

다 꺼져 가는 불꽃을 살릴 수 있는 방법은 없을까요? 화학법정에서 알아봅시다.

화학짱 판사

화치 변호사

케미 변호사

재판을 시작하겠습니다. 피고 측 변론하세요.

이 사람들 친구 맞습니까? 사람이 살다 보면 실수도 할 수 있는 거지, 실수로 부탄가스를 놓고 와서 생라면을 먹게 했다고 고소하는 친구가 어디 있습니까? 그리고 한언처 씨는 원래 습관적으로 잘 엎히는 사람입니다. 심각한 소화불량이지요. 판사님! 한언처 씨를 우정 파괴 죄로 다스려 주세요.

그런 죄가 있나요?

제가 지금 만들어 봤습니다.

당신이 뭔데 법을 만들고 난리야?

아님 말고요.

에고! 원고 측 변론하세요.

부탄가스 공장의 부타니 박사를 증인으로 요청합니다.

얼굴이 퉁퉁 붓고 거무튀튀한 피부를 가진 40대 후반의 사내가 증인석에 앉았다.

부탄가스통에는 뭐가 들어 있습니까?

부탄이 들어 있지요.

당신들 왜 시간 끄는 거야? 그럼 부탄가스통에 부탄이 들어 있지 석탄이 들어 있어? 오늘 재판 완전히 개판이군!

조심하겠습니다. 증인에게 다시 묻겠습니다. 부탄가스 버너의 원리는 뭐죠?

사실 부탄가스통에는 기체 부탄이 있는 게 아니라 액체 상태의 부탄이 들어 있어요. 그러니까 점화를 시키면 액체 부탄이 주위의 열을 빼앗아 기체 상태로 변하여 연소가 이루어지는 거지요.

그럼 통 안에 부탄이 거의 다 떨어져 가면 불이 잘 붙지 않겠군요.

방법이 없는 건 아닙니다.

그게 뭐죠?

부탄가스통에 찬물을 부으면 됩니다.

뜨거운 물이 아니라 찬물이요?

뜨거운 물은 위험합니다. 갑자기 통이 뜨거워지면 부탄가스의 압력이 높아져 폭발하니까요.

그렇군요. 그럼 찬물을 부으면 왜 불이 더 잘 붙는 거죠?

찬물을 부으면 부탄가스통 안과 통 밖의 온도 차이가 커지게 되어 액체 부탄이 기체로 더 잘 변하게 되지요. 그래서 부탄이 다 떨어져 갈 때는 임시방편으로 찬물을 붓는 것입니다.

아하! 그런 방법이 있었군요. 존경하는 재판장님! 비록 이부탕 씨가 부탄가스를 실수로 안 가지고 왔지만 부탄가스통에 찬물을 부었다면 좀 더 오랜 시간 물을 끓일 수 있으므로 한언처 씨가 생라면을 먹지 않을 수 있었을 것입니다. 그러므로 한언처 씨의 고소는 정당하다고 생각합니다.

판결하겠습니다. 라면 물이 덜 끓으면 당연히 생라면을 먹게 되지요. 사람은 누구나 실수를 할 수 있는 법이므로 이부탕 씨에게만 이 사건의 모든 책임을 지게 한다는 것은 너무 가혹한 것 같습니다. 다섯 명의 멤버 중 단 한 사람만이라도 찬물을 부으면 부탄가스를 좀 더 오래 쓸 수 있다는 것을 알았다면 이번 사고는 생기지 않았을 것입니다. 이 모든 것은 다섯 사람이 화학 공부를 소홀히 한 데 그 책임이 있다고 보고 이부탕 씨를 포함한 다섯 명에게 4주 동안 생활 화학 공부를 하도록 명령하겠습니다.

재판 후 다섯 명은 화학법정에서 마련해 준 생활화학 연수원에 입소하여 4주 동안 생활 속의 화학에 대한 공부를 했고 사이가 멀어졌던 이부탕 씨와 한언처 씨의 관계도 다시 좋아지게 되었다.

드라이아이스를 봤다고요?

하얀 드라이아이스 기체는
잘못된 말일까요?

**사건
속으로**

최근 과학공화국에서는 연예인 다섯 명이 게스트로 출연해 다섯 명이 모두 답을 맞히면 사회자가 드라이아이스의 공격을 받고 게스트 중 한 명이라도 틀리면 게스트 전원이 드라이아이스 공격을 받는 오락 프로 '놀다가'가 인기이다.

이 프로그램은 인기 개그맨 배짱이 씨가 사회를 보고 있는데 워낙 애드리브가 뛰어나 시청자들의 뜨거운 사랑을 받고 있다.

화학을 좋아하는 기미나 씨는 이 프로가 있는 금요일 저녁에는 외출도 하지 않을 정도로 이 프로 폐인이다. 물론 이 프로가 화학이랑은 아무 관계가 없지만 사회자와 게스트 사이의 화려한 말장난 때문에 웃지 않을 수 없었다.

그날도 기니마 씨는 '놀다가'를 시청하고 있었다. 그런데 사회자 배짱이 씨가 게스트들에게 다음과 같이 말했다.

"여러분 전원이 문제를 못 맞히면 여러분은 하얀 드라이아이스 기체의 공격을 당하게 될 것입니다. 최근에 좀 더 강하게 업그레이드시켰죠?"

"가만, 하얀 드라이아이스 기체?"

기미나 씨는 매번 들었던 얘기지만 사회자의 말에서 뭔가 좀 이상한 느낌을 받았다.

그는 하얀 드라이아이스 기체라는 말은 화학적으로 옳지 않다고 이 프로의 시청자 의견란에 올렸다. 하지만 담당 PD는 여러분이 보고 있는 하얀 연기는 드라이아이스 기체라고 주장하면서 기미나 씨의 의견을 무시했다.

이에 화가 머리끝까지 치민 기미나 씨는 방송국과 PD를 잘못된 화학 정보 전달 죄로 화학법정에 고소했다.

우리가 드라이아이스의 연기로 알고 있는 하얀 연기는
드라이아이스가 아니라 수증기가 변한 물방울들입니다.

여기는 화학법정

드라이아이스의 색깔은 하얄까요? 화학법정에서 알아봅시다.

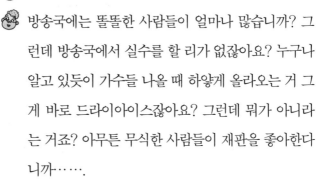

재판을 시작합니다. 피고 측 변론하세요.

방송국에는 똘똘한 사람들이 얼마나 많습니까? 그런데 방송국에서 실수를 할 리가 없잖아요? 누구나 알고 있듯이 가수들 나올 때 하얗게 올라오는 거 그게 바로 드라이아이스잖아요? 그런데 뭐가 아니라는 거죠? 아무튼 무식한 사람들이 재판을 좋아한다니까…….

지금 피고 측 변호사는 원고의 인격을 무시하는 발언을 하고 있습니다.

인정합니다. 화치 변호사! 남들 얘기하기 전에 당신의 무식부터 좀 바꾸시오. 언제까지 그런 식으로 변론하고 나랏돈을 먹을 거요? 아무리 국가 변호사라지만 말이야……. 그럼 원고 측 변론하세요.

오랫동안 드라이아이스 공장을 운영해 온 이승화 사장을 증인으로 요청합니다.

하얀 머리에 소갈머리가 없는 60대쯤 되어 보이는 할아버지가 증인석에 앉았다.

드라이아이스라는 게 뭐죠?

고체 상태의 이산화탄소입니다.

어떻게 만들지요?

간단합니다. 기체 이산화탄소는 차가워지면 액체를 거치지 않고 곧바로 고체 상태로 변하게 됩니다. 이런 과정을 승화라고 부르지요.

당신 이름이군요.

그렇습니다.

어느 정도 차가워지면 고체로 변하지요?

영하 78도 정도입니다.

그렇다면 드라이아이스를 꺼내면 주위의 온도가 높아 녹으면서 기체 이산화탄소로 바뀌겠군요.

그렇습니다.

기체 이산화탄소가 하얀색인가요?

아닙니다. 이산화탄소는 색깔이 없습니다. 그래서 우리 눈에 보이지 않지요.

엥? 그럼 하얗게 피어오르는 연기는 뭐죠?

그건 물방울들입니다. 김이라고도 하지요.

그게 왜 생기죠?

드라이아이스가 기체 이산화탄소로 승화되려면 주위로부터 열을 빼앗아야 하는데 이때 드라이아이스는 공기 중의 수증기로

부터 열을 빼앗게 됩니다. 그러면 열을 빼앗긴 수증기는 액체 상태의 물방울로 바뀌어 둥둥 떠 있게 되는데 그것이 바로 하얀 연기의 정체입니다.

그렇군요. 존경하는 재판장님. 방금 증인의 말처럼 우리가 드라이아이스의 연기로 알고 있는 하얀 연기는 드라이아이스가 아니라 수증기가 변한 물방울들입니다. 그러므로 방송에서 무식한 사회자가 하얀 연기를 드라이아이스라고 얘기하는 것은 과학공화국의 많은 어린이들에게 잘못된 화학을 가르쳐 주는 일이므로 원고 측의 주장대로 개선되어야 한다고 생각합니다.

판결하겠습니다. 사람들이 모두 그렇게 믿고 있어도 틀린 얘기일 수 있습니다. 지금 경우가 그런 것 같군요. 모두들 드라이아이스로 알고 있던 하얀 연기가 드라이아이스가 아니라 물방울들이라니 말입니다. 물론 저도 오늘 처음 알았습니다. 그러므로 원고 측의 주장대로 방송국은 사과 방송과 함께 다음부터는 화학적으로 올바른 방송이 되도록 해야 할 것입니다.

재판 후 방송국에서는 더 이상 하얀 연기가 피어오를 때 드라이아이스라는 얘기를 하지 않았다. 대신 사회자들은 그것을 드라이아이스가 승화할 때 생긴 물방울들이 만든 김이라고 말했다.

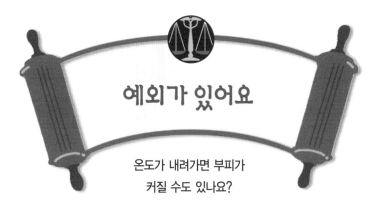

예외가 있어요

온도가 내려가면 부피가
커질 수도 있나요?

과학공화국 최대 방송국인 SBC(Science Broadcasting
Company)에서는 과학 문제의 짱을 뽑는 '도전 과학짱'
이라는 프로그램을 방영하고 있다. 이 프로는 공화국의
내로라하는 과학 짱이 출연하는데 과학 교수, 과학 교사
를 비롯해 많은 과학 관련 종사자들도 자주 출전한다.

개인적으로 화학을 좋아하는 이케미 씨는 이 프로그램의
고정 시청자이다. 그는 출연자들이 맞히기 전에 답을 말
하는데 거의 대부분 정답이었다.

그 모습을 옆에서 지켜본 아내가 그에게 말했다.

"당신이 나가면 아마 일등할 거예요. 우리도 일등해서 해외여행 한 번 가 봐요."

"음, 그래 볼까?"

이케미 씨는 아내의 부탁에 못 이기는 척했다. 그는 자신의 주 종목인 화학 이외의 다른 과학을 공부했다. 그리고 드디어 이케미 씨는 인기 퀴즈 프로인 '도전 과학짱'에 출연하게 되었다.

예선 전승으로 이케미 씨는 본선에 진출했다.

이제 대망의 결승전.

이케미 씨와 대결하는 사람은 2주 우승을 하고 있고 3주 우승에 도전하는 한퀴즈 씨이다. 그는 과학뿐 아니라 모든 상식에도 능통해 지금까지 대여섯 군데 TV 퀴즈 프로에서 우승한 경력이 있는 막강한 상대였다.

마지막 한 문제를 남겨 두고 동점을 이룬 이케미와 한퀴즈. 둘 사이에는 팽팽한 긴장감이 감도는데…… 드디어 사회자가 마지막 문제를 펼쳤다.

"모든 물체는 온도가 내려가면 부피가 줄어든다. 이 말은 사실일까요? 거짓일까요?"

삐익.

한퀴즈 씨가 버저를 눌렀다.

"물체는 온도에 따라 열팽창을 합니다. 그러므로 온도가 올라가면 부

물은 얼음이 되면서 오히려 부피가 커집니다.
즉 온도가 내려갈수록 부피가 더 커지는 것입니다.

피가 커지고 온도가 내려가면 부피가 작아집니다."

한퀴즈 씨가 또박또박 설명했다.

"정답입니다. 한퀴즈 씨의 3주 연속 우승입니다."

사회자의 멘트가 이어지고 이케미 씨는 아쉽게 결승전에서 고배를 마셨다.

"가만, 온도가 내려가면 부피가 커지는 것도 있는데……."

이케미 씨는 뭔가 이상하다는 생각이 들어 퀴즈 프로의 마지막 문제에 대한 정답 확인을 요청했으나 방송국에서는 이를 거부했다. 그러자 이케미 씨는 방송국을 화학법정에 고소했다.

여기는 화학법정	모든 물질은 온도가 내려가면 부피가 줄어들까요? 화학법정에 서 알아봅시다.

화학짱 판사

화치 변호사

케미 변호사

재판을 시작하겠습니다. 피고 측 변론하세요.

사람들도 추우면 집에만 틀어박혀 있고 날씨가 포근해지면 밖으로 나돌아 다닙니다. 마찬가지로 물체의 부피는 물체를 구성하는 분자들이 얼마나 활동적인가와 관계되는데 온도가 높으면 분자들의 운동이 활발해져서 그 활동 범위가 넓어지므로 부피가 커지는 것은 당연합니다. 그러므로 방송국이 내놓은 답은 아무 문제가 없다는 것이 본 변호사의 주장입니다.

쟤가 약을 잘못 먹었나? 오늘따라 왜 멀쩡한 변론을 하는 거지?

…….(과외 좀 받았지요.)

원고 측 변론하세요.

오랜만에 화치 변호사의 변론다운 변론을 들어보았습니다. 물론 화치 변호사의 주장에도 일리가 있습니다. 하지만 예외가 있지요.

어떤 예외지요?

그것은 바로 물입니다.

 가만, 물도 온도가 올라가면 점점 부피가 커지잖아요?

어느 온도의 물이냐에 따라 다릅니다. 일단 실험을 해 보죠.

케미 변호사는 조그만 냉동고를 가지고 왔다. 그리고 콜라병을 냉동실에 넣고 잠시 정회를 요청했다. 잠시 재판이 중단되고 모두들 냉동고만 바라보고 있었다. 잠시 후 펑 소리와 함께 콜라병이 깨지는 소리가 들렸다.

케미 변호사! 뭐하는 겁니까? 당신이 지금 한 일이 심각한 법정 모독이라는 걸 아세요?

저는 실험을 한 것뿐입니다. 콜라는 거의 대부분이 물이지요. 그럼 왜 콜라병이 깨졌을까요? 피고 측 주장대로라면 모든 물질은 온도가 내려가면 부피가 줄어들어야 하니까 콜라가 얼면서 부피가 줄어들어야 하잖아요? 그럼 병이 깨질 리가 없지요.

그럼 얼면서 부피가 늘어난 건가요?

정답입니다. 물은 얼음이 되면서 오히려 부피가 커집니다. 즉 온도가 내려갈수록 부피가 더 커지는 셈이지요. 이렇게 물은 열 팽창에서 예외적인 물질인데 얼음이 녹아 4도의 물이 될 때까지는 부피가 점점 줄어들어요. 그리고 4도 이상부터는 온도가 올라갈수록 부피가 점점 늘어나지요.

그럼 4도 때의 물의 부피가 제일 작군요.

그렇습니다. 지금 보신 것처럼 모든 물질이 온도가 내려갈수록 부피가 줄어드는 것은 아닙니다. 물처럼 예외가 있으니까요.

판결합니다. 이번 사건은 케미 변호사의 위험한 실험을 통해 물이 얼음이 되면서 오히려 부피가 늘어난다는 것을 볼 수 있었습니다. 그러므로 원고 측 주장대로 방송국 측의 정답은 문제가 있었다고 생각하여 결승전을 다시 치를 것을 판결합니다.

재판 후 퀴즈 대회 사상 처음으로 재대결이 벌어졌고 결국 이케미 씨의 우승으로 끝이 났다.

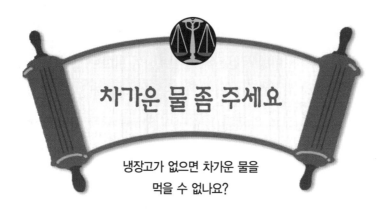

차가운 물 좀 주세요

냉장고가 없으면 차가운 물을
먹을 수 없나요?

**사건
속으로**

케믹 씨는 여행을 좋아한다. 하지만 그는 남보다 갈증을
심하게 타는 편이라 항상 차가운 물을 물통에 넣고 다닌
다. 그는 마침 휴가를 받아 과학공화국 인근의 오지 마을
인 울랄라 마을로 여행을 떠났다.

울랄라 마을은 문명의 때가 없는 순순한 원시 마을이었다.
그래서인지 케믹 씨는 예전부터 울랄라 마을 여행을 꿈꿔
왔었다. 드디어 과학공화국의 남부 도시인 베이포 시에 도
착한 그는 울랄라 마을로 가는 버스를 탔다. 울랄라 마을

까지는 비포장도로를 달려 약 10시간 정도 버스를 타고 가야 했다.

하지만 케믹 씨는 새로운 경험을 한다는 것에 들떠 있었다. 그리고 마침내 그는 울랄라 마을에 도착했다. 울랄라 마을은 대초원과 많은 야생 동식물들이 있는 아름답고 조용한 마을이었다.

숙소를 잡고 그 이튿날부터 케믹 씨는 울랄라 대초원을 여행했다. 그런데 엄청 더운 날씨에 너무 열심히 돌아다니다 보니 준비해 온 차가운 물이 모두 떨어졌다.

갈증이 난 케믹 씨는 울랄라 마을에 하나뿐인 슈퍼마켓으로 들어갔다.

"무엇을 드릴까요?"

검은 피부의 점원이 물었다.

"차가운 물 좀 주세요."

케믹 씨가 물었다.

"차가운 물은 없어요. 여긴 전기가 없어 냉장이 안 되지요. 그리고 기온까지 높아 차가운 물이라도 금방 더워져요."

점원이 대답했다.

하는 수 없이 케믹 씨는 뜨거운 물을 마셨다. 하지만 차가운 물처럼 갈증을 해소시켜 주지는 못했다. 결국 케믹 씨는 차가운 물을 구할 수 없어 예정보다 일찍 울랄라 여행을 마칠 수밖에 없었다.

모처럼 여행에 들떠 있던 케믹 씨는 자신이 여행을 망친 것이 차가운 물을 공급하지 못한 울랄라 마을의 책임이라며 울랄라 마을을 화학 법정에 고소했다.

몸에 붙어 있던 물방울은 사람의 피부로부터 열을 빼앗아 증발하기 때문에
열을 빼앗긴 사람의 몸은 온도가 내려가 시원하게 느끼는 것입니다.

냉장고가 없으면 물을 차게 할 수 없을까요? 화학법정에서 알아봅시다.

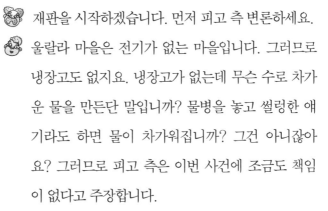

화학짱 판사

회치 변호사

케미 변호사

 재판을 시작하겠습니다. 먼저 피고 측 변론하세요.

 울랄라 마을은 전기가 없는 마을입니다. 그러므로 냉장고도 없지요. 냉장고가 없는데 무슨 수로 차가운 물을 만든단 말입니까? 물병을 놓고 썰렁한 애기라도 하면 물이 차가워집니까? 그건 아니잖아요? 그러므로 피고 측은 이번 사건에 조금도 책임이 없다고 주장합니다.

원고 측 변론하세요.

베이포 연구소의 이기포 소장을 증인으로 요청합니다.

얼굴 여기저기에 점이 많이 난 30대 후반으로 보이는 사내가 증인석에 앉았다.

 베이포 연구소는 뭘 하는 곳이죠?

 증발에 대한 연구를 하는 곳입니다.

 증발이 뭐죠?

 물을 오래 놔두면 물이 줄어들지요? 그건 물 표면

의 물 분자가 주위로부터 열을 얻어 기체인 수증기로 변한 것입니다.

그럼 이번 사건도 증발과 관계있습니까?

증발을 이용하면 냉장고가 없이도 물을 차게 유지할 수 있습니다.

정말입니까? 좀 더 자세히 설명해 주시겠습니까?

목욕을 하고 알몸으로 나오면 어떻게 되죠?

몸이 으스스 추워지지요.

그건 바로 몸에 붙어 있는 물방울들이 증발하기 때문이지요. 알코올을 손등에 바르면 시원해지는 것도 알코올이 증발하기 때문이고요.

증발하면 왜 시원해지지요?

증발이란 액체가 기체가 되는 과정입니다. 그러기 위해서는 액체인 물방울이 열을 얻어야 하지요. 몸에 붙어 있던 물방울은 사람의 피부로부터 열을 빼앗아 증발하기 때문에 열을 빼앗긴 사람의 몸은 온도가 내려가 시원하게 느끼는 것입니다.

그럼 어떻게 증발을 이용해 물병을 차게 하지요?

물병을 물수건으로 감싸면 됩니다. 물이 떨어지면 다시 물수건에 물을 적셔서 감싸고요. 그러면 물수건의 물방울들이 증발하면서 물병으로부터 열을 빼앗아 가기 때문에 물병의 온도는 내려갑니다. 즉 이 방법으로 냉장고 없이 찬물을 마실 수 있지요.

그렇군요. 존경하는 재판장님! 울랄라 마을은 전기가 없지만 지금 증인이 얘기한 것과 같은 방법으로 찬물을 손님들에게 공급할 수 있었습니다. 하지만 울랄라 마을은 그런 노력을 조금도 하지 않았으므로 이번 사건에 대해 울랄라 마을에 책임이 있다고 주장합니다.

원고 측 변호사의 주장에 일리가 있습니다. 하지만 증발을 이용하여 물체의 온도를 낮추는 내용은 원시 마을인 울랄라 마을 사람들에게는 배운 적이 없는 화학입니다. 그러므로 이번 사건에 대한 책임은 울랄라 마을에 묻기보다 앞으로 이런 방법을 이용하여 관광객에게 좀 더 차가운 물을 공급할 것을 명령합니다.

재판 후 울랄라 마을에서 각 단체로부터 초대형 물수건들이 보내졌다. 그리고 울랄라 마을 사람들은 수건에 물을 묻혀 음료수를 감싸 항상 차가운 음료를 관광객들에게 제공할 수 있었다.

물질의 상태변화

물질의 세 가지 상태

물질은 고체, 액체, 기체의 세 가지 상태로 여러분의 눈에 나타나지요. 예를 들어 물은 고체 상태인 얼음, 액체 상태인 물, 기체 상태인 수증기의 세 가지 모습을 가지고 있어요. 그런데 겨울에는 물이 얼어 얼음이 생기고 봄이 되면 얼음이 녹아 물이 돼요. 이렇게 같은 물질인데 상태가 변하는 것을 상태변화라고 해요. 그럼 왜 상태변화가 일어날까요? 그것은 바로 열 때문이에요. 열을 받으면 분자들의 운동에너지가 커지고 열을 잃으면 운동에너지가 작아지지요. 그래서 물질의 상태가 달라지는 거예요. 하나씩 자세히 알아보죠.

융해

고체가 열을 받으면 고체를 이루고 있는 분자들의 운동에너지가 커져 분자들 사이의 거리가 멀어지지요. 그래서 분자들이 자유로워지지요. 그렇게 고체가 액체로 변하는데 이러한 과정을 융해 또는 용융이라고 부르지요. 융해는 '녹는다' 라는 뜻이에요. 고체를 용융시키기 위해서는 열의 공급이 필요하며 1그램의 고체를 융해시키는 데 필요한 열량을 융해열이라고 하지요. 융해열은 물질마다 달라요. 예를 들어 얼음의 융해열은 80칼로리예요. 그러니까 얼음을 녹이기 위해서는 80칼로리의 열량을 공급해야 한다는 뜻이지요. 그러니까 얼음 10그램을 녹이려면 융해열의 10배인 800칼로리가 필요하지요.

응고

반대로 액체가 고체로 될 수도 있나요? 물론이에요. 이런 현상을 응고라고 부르지요. 물이 얼면 얼음이 되잖아요. 겨울에 주위의 공기가 차가워져 영하의 온도로 내려가면 물의 열이 주위로 빠져나가지요. 그래서 물속의 분자들의 운동에너지가 작아지고 그로 인해 분자들 사이의 거리가 가까워지지요. 그래서 고체인 얼음으로 변하는 거예요. 이때 물은 열을 방출하지요. 1그램의 물이 얼음으로 바뀔 때는 80칼로리의 열이 주위로 빠져나가요.

기화

액체가 열을 받으면 분자들의 운동이 활발해져 분자들 사이의 거리가 아주 멀어져 기체가 되지요. 이 현상을 기화라고 하는데 기화에는 두 종류가 있어요. 하나는 액체 속에서 기체로 바뀌는 끓음이고 또 하나는 액체의 표면에서 기체로 바뀌는 증발이에요. 액체를 기화시키려면 열의 공급이 필요한데 이때 1그램의 액체를 기화시키는 데 필요한 열량을 물질의 기화열이라고 하지요. 기화열도 물질마다 다른데 물의 기화열은 540칼로리예요.

액화(응축)

기체가 열을 잃어버리면 기체 속 분자들의 운동에너지가 작아져 분자들 사이의 거리가 가까워져요. 이래서 기체가 액체로 변하는데 이 현상을 액화 또는 응축이라고 하지요.

여름에 비가 많이 내리지요? 그것은 강물이나 바닷물 표면에서 증발로 생긴 수증기가 위로 올라가 차가워지고 응축되면서 물방울로 변하게 된 것이랍니다. 이렇게 물방울들이 떠 있는 것이 구름인데 이 물방울들이 여러 개 달라붙어 무거워져 땅으로 떨어지는 것이 비예요.

그럼 안개는 뭐죠? 안개는 구름과 같아요. 보통 높은 하늘에 생긴 것을 구름이라고 하고 바닥에 생긴 것을 안개라고 하지요. 안개는 왜 생기죠? 안개는 따뜻하고 수증기를 많이 지닌 공기가 밤사이에 차가워진 땅에서 응축되어 물방울로 변한 것이에요.

증발

액체 표면에서 액체가 기체로 변하는 현상이 증발이에요. 여러분은 주변에서 증발의 예를 많이 봤을 거예요. 엄마가 물이 묻은 빨래를 햇빛이 잘 드는 베란다로 가지고 가고 있어요. 빨래에 묻어 있는 물을 증발시켜 빨래를 말리기 위해서죠.

증발을 이용하면 설탕물에서 설탕만 분리할 수 있어요. 설탕물을 가스레인지에 올려놓아 보죠. 잠시 후에 물은 모두 증발되고 설탕만이 남아 있을 거예요. 라면을 요리하기 위한 물은 증발을 생각하여 넉넉하게 부어야 해요. 만일 물을 너무 적

젖은 빨래를 햇빛이 잘 드는 곳에 놓는 것은
빨래에 묻어 있는 물을 증발시켜 빨래를 말리기 위해서입니다.

게 부으면 물이 모두 증발해서 라면만 남게 되니까요.

여러분의 동생이 열이 있어요. 부모님은 외출 중이에요. 이때 여러분은 어떻게 해야 하나요? 빨리 물수건을 동생의 머리에 올려놓으세요. 그럼 동생의 머리에 생긴 열이 물수건을 가열해 물을 증발시킬 거예요. 물수건은 자주 물을 적셔 줘야 해요. 물이 다 증발된 수건은 동생의 열을 낮추는 데 아무 소용이 없으니까요.

그럼 왜 물수건을 올려놓으면 동생의 체온이 낮아질까요? 그건 물수건의 물이 증발하면서 동생의 열을 빼앗아 가기 때문이에요. 물이 증발하려면 열을 얻어야 하잖아요. 그 열은 동생에게서 나오지요. 그럼 열을 빼앗긴 동생의 온도가 내려갈 거예요.

가족과 함께 놀이동산에 갔어요. 여러분은 물통을 메고 있는데 불행히도 보온병이 아니에요. 날씨는 찌는 듯이 더워요. 어떻게 하면 물통 속의 찬물이 뜨거워지지 않게 할 수 있을까요? 이때 증발을 이용해 보세요. 물을 묻힌 수건으로 물통을 덮어요. 그러면 수건의 증발이 되겠죠. 그러니까 물통으로부터 에너지를 빼앗아 액체인 물이 기체인 수증기가 되지요. 그럼 물통은 에너지를 잃었으니까 온도가 낮아지지요. 그래서 물통 속의 물이 차갑게 유지될 수 있어요.

　선풍기는 바람으로 사람을 시원하게 해 주죠. 하지만 에어컨처럼 방 안의 온도가 낮아지지는 않아요. 다만 푹푹 찌는 방에서 생긴 땀을 바람으로 날려 보내는 역할을 하지요. 이때 순간적으로 액체인 땀이 기체인 수증기로 바뀌면서 몸의 에너지를 빼앗아 가니까 체온이 떨어지게 되어 시원함을 느끼는 거예요.

물질의 성질에 관한 사건

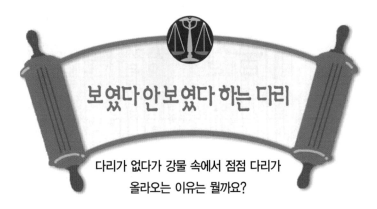

보였다안보였다 하는 다리

다리가 없다가 강물 속에서 점점 다리가
올라오는 이유는 뭘까요?

**사건
속으로**

과학공화국 남부에는 여러 전통을 지닌 도시들이 있었
다. 그중에서도 유명한 도시는 천년의 역사를 자랑하는
펄 시와 구백 년의 역사를 자랑하는 헉스 시였다.

두 도시는 매년 10월만 되면 전통 예술제를 진행하여 많
은 관광객을 유치했다. 펄 시의 펄 예술제와 헉스 시의
헉스 예술제는 그동안 날짜가 달라 사람들은 두 전통 예
술제를 모두 감상할 수 있었다.

그런데 금년에는 두 도시가 10월 3일 같은 날짜에 예술

제를 한다고 선언했다. 그야말로 어느 예술제가 진정한 전통 예술제인가를 보여 주는 한판 승부였다.

펄 시의 과학위원회에서는 헉스 시보다 더 많은 관광객을 유치하기 위해 새로운 아이디어를 냈는데 그것은 바로 아름다운 사운드 강을 사람들이 건널 수 있는 부교를 만드는 것이었다. 부교라면 물에 둥둥 뜨는 통을 이어서 만들면 되기 때문에 그리 신기한 것은 아니지만 펄 시의 부교는 남달랐다.

갑자기 다리가 없다가 강물 속에서 다리가 점점 올라오는 방식이었다. 이 소문이 퍼지자 관광객들은 펄 시의 부교를 건너가기 위해 모두 펄 시로 몰려들었다.

펄 시와 헉스 시의 대결은 펄 시의 KO승으로 끝이 났다. 많은 볼거리와 시설을 준비했던 헉스 시는 이 때문에 큰 피해를 입었다. 헉스 시는 펄 시의 부교가 과학을 이용한 것이 아니라 마술처럼 눈속임이었다며 펄 시의 사기 행위 때문에 피해를 본 헉스 시에 배상을 하라며 화학법정에 펄 시를 고소했다.

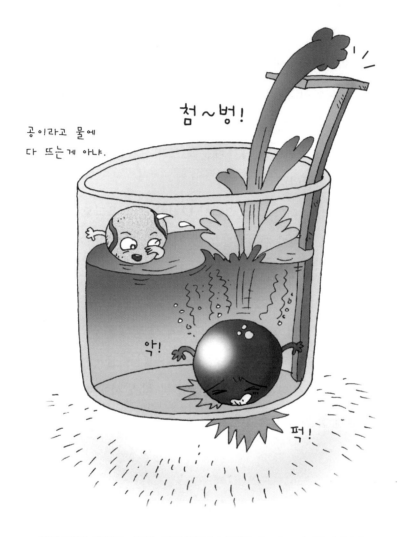

물에 물체가 가라앉는 이유는 물의 밀도보다 물체의 밀도가 크기 때문이랍니다.

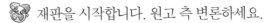

<table>
<tr><td>

여기는
화학법정
</td><td>

물에 떴다 가라앉았다 하는 다리를 만들 수 있을까요? 화학법
정에서 알아봅시다.
</td></tr>
</table>

화학짱 판사

화치 변호사

케미 변호사

재판을 시작합니다. 원고 측 변론하세요.

나무는 물에 뜨고 돌멩이는 가라앉지요?

그런데요?

그럼 물에 떴다 가라앉았다 하는 나무나 돌멩이를
보신 적이 있습니까?

당연히 없죠.

바로 그겁니다. 그러니까 펄 시의 다리는 사기라는
거죠. 아마 물속에 잠수부를 이용하여 다리를 올렸
다 가라앉혔다 한 게 아닌가 싶습니다.

화치 변호사는 제발 심증만 갖고 변론하지 마세요.

아니면 말고요.

헉, 피고 측 변론!

잠수 연구소의 나잠겨 연구원을 증인으로 요청합
니다.

잠수복 패션을 차려입은 20대 후반의 사내가 증인석에
앉았다.

다리에 공기를 넣으면 물보다 밀도가 더 작아지므로 물위에 뜨게 됩니다.

🐶 단도직입적으로 묻겠습니다. 펄 시의 다리처럼 떠 있을 수도 있고 가라앉을 수도 있는 다리를 만들 수 있습니까?

😮 네.

🐶 어떻게 만들죠?

나잠겨 씨는 물이 담겨 있는 조그만 수조를 가지고 왔다. 그리고는 수조에 철판 하나를 올려놓자 바닥으로 가라앉았다.

😮 철판이 가라앉았지요? 이것은 철판의 밀도가 물의 밀도보다 크기 때문입니다. 이제 철판을 가라앉지 않게 해 보죠.

나잠겨 씨는 철판에 호스가 달린 공기통을 붙였다. 그리고 공기통에 공기를 가득 채우고 그 입구를 코르크로 막았다. 그러자 공기통이 달린 철판은 물 위에 둥둥 떴다.

😮 이번에는 철판이 떴지요? 이것은 공기통과 철판을 합친 밀도가 물의 밀도보다 작기 때문입니다. 이것은 바로 우리가 구명조끼를 입으면 물에 뜨는 것과 같은 이치죠.

🐶 그렇군요.

나잠겨 씨는 코르크를 제거했다. 그러자 공기통에 공기가 빠져나가

다리에 공기를 빼면 물보다 밀도가 더 커지므로 물속에 가라앉게 됩니다.

면서 철판이 다시 가라앉기 시작했다.

🧑 이번에는 다시 가라앉았지요? 바로 펄 시의 다리는 이 원리를 이용한 것입니다. 즉 그 다리는 공기를 채울 때는 물보다 밀도가 작아 물에 둥둥 뜨는 다리가 되고 공기를 빼면 물보다 밀도가 커서 물속으로 가라앉아 보이지 않는 거지요.

🐶 명쾌한 증언 감사합니다. 제 변론은 더 이상 필요가 없을 것 같군요. 나잠겨 씨가 워낙 자세히 설명해 주었으니까요.

🐨 판결합니다. 펄 시의 다리가 사기라고 주장한 헉스 시의 주장은 무고죄에 해당합니다. 과학적인 검토도 하지 않고 무조건 사기로 몰아 버리는 것은 과학 발전에 도움이 되지 않습니다. 그러므로 이번 재판은 피고인 펄 시의 무죄를 판결합니다.

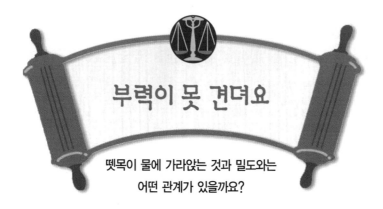

부력이 못 견뎌요

뗏목이 물에 가라앉는 것과 밀도와는
어떤 관계가 있을까요?

**사건
속으로**

과학공화국 서부에는 티티호라는 이름의 커다란 호수가
있었다. 이 호수는 아주 커서 마치 바다를 보는 느낌이었
다. 특히 티티호 주변은 신기한 식물들이 많이 자라고 있
어 배를 타고 티티호를 도는 관광이 사람들에게 인기를
끌었다. 물론 이 마을 사람들은 관광 수입으로 짭짤한 재
미를 보고 있었다.

그러던 어느 날 티티호 마을 사람들은 관광객들에게 새
로운 체험을 맛보게 하기 위해 뗏목 여행이라는 아이디

어를 냈다. 즉 자신들의 조상들의 전통적인 방법을 따라 뗏목을 타고 호수를 돌아다니는 여행을 상품으로 내놓은 것이었다.

마을 사람들의 작전은 주효했다. 전통 체험을 좋아하는 공화국 사람들 사이에 선풍적인 인기를 끌었기 때문이었다.

켐스 시에 사는 가득차 씨는 아들 가라안 군을 데리고 티티호의 뗏목 체험에 참가하기로 했다. 그는 인터넷을 통해 참가 신청과 참가비 납부를 모두 마치고 주말에 아들과 함께 티티호로 갔다.

티티호에는 뗏목을 타기 위해 많은 사람들이 줄을 서 있었고 가득차 씨 부자도 줄을 섰다.

드디어 가득차 씨의 부자가 뗏목을 탈 차례가 되었다.

"아빠, 뗏목이 왜 물에 뜨죠?"

가라안 군이 물었다.

"뗏목이 물에 뜨는 건 물보다 밀도가 작아서 그런 거란다. 이렇게 물보다 밀도가 작은 물체는 물에 뜨고 밀도가 큰 물체는 물에 가라앉는단다."

가득차 씨가 설명했다.

그런데 뗏목에 너무 많은 사람들이 올라타는 바람에 그만 뗏목이 물속으로 가라앉고 이 사건으로 물을 먹은 아들 가라안 군은 병원에 입원했다.

가득차 씨는 뗏목에 사람을 많이 태워 위험하게 한 티티호 마을 사람들을 화학법정에 고소했다.

밀도는 질량을 부피로 나눈 값으로 같은 부피라면 질량이 클수록 밀도가 커집니다.

가득차 씨 부자가 탄 뗏목은 왜 가라앉았을까요? 화학법정에서 알아봅시다.

화학짱 판사

화치 변호사

케미 변호사

🐨 재판을 시작합니다. 피고 측 변론하세요.

🐨 뗏목에 전체 무게를 체크하는 저울이 있는 것도 아니고 사람들의 전체 무게가 얼만지 어떻게 압니까? 타다 보면 많이 탈 때도 있고 적게 탈 때도 있는 거지요. 자기들이 알아서 불안하면 안 타면 되는 거지 티티호 마을 사람들이 무슨 책임이 있어요? 그렇죠? 판사님!

🐨 정말 미치겠군! 제발 화학 좀 써요! 그럼 원고 측 변론!

🐨 이번 사건은 지난번 펄 시와 헉스 시의 사건과 유사한 사건입니다. 즉 물체가 물에 뜨기 위한 조건에 대한 내용이지요. 지난번 재판에서 우리는 나잠겨 연구원으로부터 중요한 정보를 알았습니다.

🐨 그게 뭐죠?

🐨 그것은 물체의 밀도가 물의 밀도보다 작으면 뜨고 크면 가라앉는다는 거지요.

🐨 하지만 뗏목은 나무이고 나무는 물의 밀도보다 작잖아요?

🐶 그건 뗏목만 있을 때 얘기죠. 물보다 밀도가 큰 사람이 타면 상황은 달라지지요.

🐶 어떻게 달라지죠?

🐶 사람과 뗏목을 합쳐서 하나의 물체로 생각해야 합니다. 그러므로 사람이 탄 뗏목의 밀도가 물의 밀도보다 작으면 물에 뜨지만 반대로 밀도가 더 크면 가라앉습니다. 밀도는 질량을 부피로 나눈 값이므로 같은 부피라면 질량이 클수록 밀도가 커집니다. 그러므로 뗏목에 많은 사람이 타면 사람들의 질량이 커져서 전체 밀도가 커지게 되는 것이지요. 이번 사건은 정원 초과로 밀도가 물보다 커진 뗏목이 물에 가라앉은 사건이므로 정원 초과로 뗏목을 운행한 티티호 마을 사람들에게 책임이 있다고 봅니다.

🐶 판결합니다. 티티호 마을 사람들은 앞으로는 뗏목의 밀도가 물보다 작을 때까지만 사람을 태울 것을 판결합니다.

재판 후 티티호의 뗏목에는 조그만 깃발이 달렸다. 그 깃발에는 '정원 10명, 단 100킬로그램 이상인 사람은 2명으로 간주함'이라고 써 있었다.

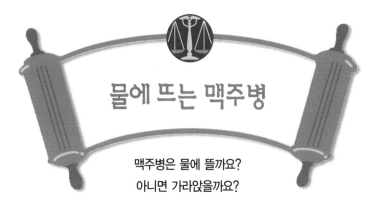

물에 뜨는 맥주병

맥주병은 물에 뜰까요?
아니면 가라앉을까요?

**사건
속으로**

한여름이 되자 많은 사람들이 시원한 물이 흐르는 계곡으로 몰렸다.

과학공화국에서 제일 유명한 흐르타 계곡은 시원한 물이 굽이굽이 흐르고 주변 경관이 수려해서 많은 관광객들로 붐볐다.

계곡을 찾는 많은 관광객들은 시원한 맥주를 찾았는데 히테 맥주 회사에서는 새로운 광고를 냈다. 그 광고 카피는 다음과 같았다.

부력이 중력과 평형을 이루면 물체는 물에 뜨고
중력이 더 크면 물속으로 가라앉게 됩니다.

물에 뜨는 맥주병에 담긴 시원한 히테 맥주의 맛!

이 광고는 선풍적인 인기를 끌었다. 그것은 수영을 못하는 사람을 지칭할 때 '맥주병'이라는 표현을 쓰는데 이 광고는 그와 반대로 맥주병이 물에 둥둥 뜬다는 카피였기 때문이었다.

이 광고는 많은 젊은이들에게 폭발적인 인기를 끌었다. 심지어 맥주병으로 실험을 해 보는 젊은이들도 있었다.

히테 맥주는 이 광고로 여름 매출을 작년보다 10배 올리는 데 성공했고 다른 맥주 회사들은 히테 맥주의 돌풍을 막을 수 없어 적자에 허덕이고 있었다.

결국 히테 맥주 회사를 제외한 다른 회사들은 함께 모여 대책을 의논했고 그 결과 히테 맥주가 허위 광고를 하고 있다며 히테 맥주를 공정거래법 위반으로 화학법정에 고소했다.

맥주병이 물에 뜰까요? 아니면 가라앉을까요? 화학법정에서
알아봅시다.

화학짱 판사

화치 변호사

케미 변호사

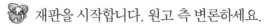 재판을 시작합니다. 원고 측 변론하세요.

맥주병이 물에 뜬다고요? 그게 말이 됩니까? 도저
히 있을 수 없는 일이지요. 나는 수영을 못해요. 그
래서 어릴 때부터 별명이 맥주병인데 그럼 내가 물
에 잘 뜬다는 말인가요? 그럴 리가요. 나는 물에 누
우면 1초 만에 가라앉는단 말입니다. 이것이 바로
히테 맥주의 광고가 허위 광고라는 증거입니다.

별 해괴한 증거도 다 있군. 자! 진도 나갑시다. 피고
측 변호사 변론하세요.

부력 연구소의 이둥둥 소장을 증인으로 요청합니다.

누가 봐도 물에 둥둥 뜰 것같이 체지방이 많은 우람한 체
격의 사내가 증인석에 앉았다.

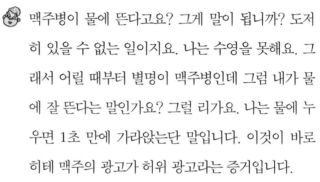

부력 연구소는 뭐하는 곳이죠?

물체의 부력을 연구하는 곳입니다.

괜히 물었습니다. 그럼 부력이 뭐지요?

물이 물체를 밀어내는 힘입니다.

🐽 좀 더 자세히 설명해 주시겠습니까?

🐑 물속에 물체가 들어가면 물체는 아래로 향하는 중력과 물이 물체를 위로 올리는 힘인 부력을 받습니다. 이때 부력이 중력과 평형을 이루면 물체는 물에 뜨고 중력이 더 크면 물속으로 가라앉게 됩니다.

🐽 그럼 맥주병은 부력과 중력이 평형을 이룬다는 말인가요?

🐑 그렇습니다. 맥주병은 물에 떨어질 때 공기가 가득 들어 있어 금방 쓰러집니다. 그 순간 맥주병에는 물이 조금 들어가고 물이 들어간 만큼 공기가 빠져나오지요. 맥주병은 이 과정을 거쳐서 병의 무게와 부력이 평형을 이뤄 물에 둥둥 떠 있게 됩니다.

🐽 그렇군요. 모든 병이 다 그런가요?

🐑 그렇지는 않습니다. 콜라병이나 물약병은 물에 던지면 바로 가라앉습니다.

🐽 존경하는 재판장님! 증인의 말처럼 맥주병은 물에 가라앉지 않습니다. 그러므로 우리가 그동안 수영을 못하는 사람을 맥주병이라고 부른 것은 맥주병에 대한 오해에서 비롯된 것입니다. 그러므로 이번 사건에서 히테 맥주의 광고는 아무 이상이 없으므로 피고의 무죄를 주장합니다.

🐻 판결합니다. 허허, 나도 사실 별명이 맥주병인데…… 이제 맥주병이라는 말을 붙이면 안 되겠군요. 피고 측의 주장대로 히테 맥주는 맥주병이 물에 뜬다는 사실을 알아 그것을 광고에 사용

한 것이므로 이를 공정거래 위반으로 볼 수 없습니다. 따라서 원고 측의 고소는 아무 의미가 없다고 생각합니다. 그리고 앞으로 수영을 못하는 사람은 맥주병이 아니라 콜라병 또는 물약병으로 부를 것을 권고합니다.

재판 후 공화국의 많은 맥주병들은 더 이상 맥주병으로 불려지지 않았다. 대신 콜라병, 환타병, 사이다병, 물약병 등 다양한 이름으로 불려졌다.

누구의 펜이지?

펜으로 범인을 찾아낼 수 있을까요?

사건 속으로

이그로 군은 케믹시티에 있는 나누리 초등학교 5학년이다.

그는 최근 이 학교로 전학을 왔는데 아이들의 텃세가 심해 학교 가기를 무척이나 싫어했다.

그러던 어느 날 이그로 군이 교실로 들어섰을 때 그의 책상 위에 종이 한 장이 놓여 있었다.

종이에는 다음과 같이 써 있었다.

크로마토그래피란 혼합물의 성분 물질이 용매와 함께 이동하는
속도의 차이를 이용하여 분리하는 방법입니다.

이그로 바보

이그로 군은 화가 머리끝까지 치밀어 올랐다.

"누가 이런 장난을 한 거야?"

이그로 군이 소리소리 질렀지만 아무도 자신이 했다고 나서는 사람이 없었다.

이그로 군은 분이 안 풀려 책상에 엎드려 엉엉 울었고 그것을 본 담임선생님인 도마토 선생님은 범인을 찾기 위해 모든 학생들의 펜을 수거했다.

그리고 한 시간 뒤 다시 올라온 도마토 선생님은 이그로 군의 뒤에 앉아 있는 장난기 군을 범인으로 지목했다.

이에 장난기 군의 아버지는 도마토 선생님이 자신의 아들에게 누명을 씌웠다면서 도마토 선생님을 화학법정에 고소했다.

여기는
화학법정

도마토 선생님은 펜으로 어떻게 범인을 찾아냈을까요? 화학법정에서 알아봅시다.

화학짱 판사

화치 변호사

케미 변호사

재판을 시작하겠습니다. 원고 측 변론하세요.

아니 세상에 아이들 펜을 다 가지고 가서 무슨 방법으로 낙서를 한 범인을 찾아낸다는 것입니까? 이건 있을 수 없는 일이에요. 무슨 도마토 선생님이 CSI 과학 수사대 출신입니까? 그건 아니잖아요? 그러니까 제 얘기는 장난기 군이 무죄라는 거지요. 그리고 도마토 선생님은 무고죄를 진 거고요.

더 들을 필요가 없군! 피고 측 변론하세요.

도마토 선생님을 증인으로 요청합니다.

여러 종류의 펜을 손에 쥔 도마토 선생님이 증인석에 앉았다.

도마토 선생님은 대학에서 화학을 전공했지요.

네, 대학원까지 나왔습니다.

그건 안 물었는데요?

그냥 자랑 좀 해 본 것뿐입니다.

판사님이 또 뭐라 하기 전에 진도 나갑시다. 학생들

의 펜을 수거하면 종이에 낙서를 한 범인을 찾을 수 있나요?

 물론입니다. 크로마토그래피 방법을 쓰면 되지요.

그게 뭐죠?

 크로마토그래피란 혼합물의 성분 물질이 용매와 함께 이동하는 속도의 차이를 이용하여 분리하는 방법입니다. 예를 들어 메스 실린더에 파란색과 빨간색의 혼합물을 넣었다고 해 봅시다. 그 러면 거름종이를 이용해서 각 성분이 용매에 녹아 거름종이를 따라 올라오는 속도가 다르게 되고 이 원리를 바탕으로 성분별 로 갈라지기 시작하며 결국에는 파란색과 빨간색이 각 성분으 로 분리가 되는 것이지요.

조금 어렵군요. 좀 더 알기 쉽게 설명해 주시겠습니까?

그럼 이번 낙서 사건에 대해 제가 실험한 내용을 알려 드리죠. 이그로 군의 책상에서 발견된 종이에 쓴 글씨는 보라색이었습 니다. 그래서 저는 아이들의 모든 펜을 수거했는데 그중 다섯 명이 보라색 펜을 가지고 있었습니다.

장난기 군도 포함되나요?

물론입니다.

하지만 보라색 펜을 가졌다고 범인인 것은 아니지 않습니까?

그렇습니다. 그래서 다섯 명의 학생의 펜으로 크로마토그래피 방법을 사용했지요. 자세한 과정을 말씀드리죠. 우선 저는 낙서

왼쪽 크로마토그래피와
같은 것을 찾아보세요.

이래도 발뺌할 거냐?

저런 게 있었구나······.

가 써 있는 종이에서 '바' 자가 적힌 부분만 포함되도록 길이가 10센티미터이고 너비가 1.2센티미터 되는 리본 모양으로 오려 냈습니다.

이때 '바' 자는 리본 아래로부터 2.5센티미터 높이에 있습니다. 저는 똑같은 종이로 같은 크기의 리본 모양의 종이를 만든 다음 다섯 명의 학생으로부터 수거한 다섯 개의 보라색 펜으로 같은 위치에 같은 글씨 크기로 '바'라는 글자를 썼습니다. 그리고는 알코올이 담긴 여섯 개의 비커에 종이테이프를 각각의 펜에 스카치테이프로 붙여 담가 두었습니다.

그리고 잠시 후 나는 여섯 개의 비커에 담겨 있던 종이를 모두 꺼냈습니다. 그것은 다음 그림과 같았지요.(왼쪽 그림 참고)

보시는 것처럼 잉크가 위로 올라간 모양이 낙서에서 찢은 종이와 장난기 군의 것과 똑같지요?

이것이 바로 장난기 군의 펜이 낙서를 쓴 주인공이라는 뜻입니다. 이런 과학적인 수사를 통해 저는 장난기 군을 범인으로 지목했지요.

대단합니다. 정말 도마토 선생님은 CSI 과학 수사대 같군요. 판사님! 이 정도면 충분하지요?

좋아요. 이렇게까지 물증이 나왔는데 이제 더 이상 장난기 군은 변명할 수 없을 것입니다. 그러므로 도마토 선생은 무죄, 장난기 군은 유죄로 판결합니다.

재판 후 장난기 군은 자신이 장난으로 낙서를 한 사실을 시인했고 이 그로 군에게 사과했다. 또한 장난기 군의 아버지는 도마토 선생님에게 아들 교육을 잘 시키겠다고 사죄했으며 이 사건 이후 이그로 군은 다른 아이들과 잘 어울리게 되었다.

물질의 성질

아르키메데스의 원리

옛날 그리스에 히에론 왕이 있었어요. 그는 순금으로 된 금관을 만들고 싶어 했지요. 그래서 순금을 금세공장이에게 주고 왕관을 만들어 오라고 했어요. 그런데 금세공장이는 순금의 일부를 빼돌리고 은을 섞어 왕관을 만들어 바쳤어요. 얼마 후 그 소문이 왕의 귀에까지 들어갔어요.

당대 최고의 과학자인 아르키메데스는 이 문제를 곰곰이 생각해 보았어요. 하지만 왕관의 질량이 왕이 금세공장이에게 준 순금의 질량과 같기 때문에 확인할 방법이 없었지요. 어느 날 아르키메데스는 머리를 식히러 마을에 있는 목욕탕에 갔어요.

아르키메데스는 자신이 욕조에 들어갔을 때 흘러나오는 물의 부피와 물속에 들어간 몸의 부피와 같을 것이라고 생각했지요. 그는 알몸으로 집까지 달려가 부피가 다른 두 물체를 물속에 넣어 보았어요. 아르키메데스의 예상은 옳았어요. 물체의 부피가 클수록 넘치는 물의 양이 더 많았거든요.

아르키메데스는 왕이 처음 금세공장이에게 주었던 만큼의 순금과 왕관을 똑같은 양의 물이 담긴 두 개의 물컵 속에 넣어 보았어요. 만일 금세공장이가 순금으로 왕관을 만들었다면 넘쳐흐르는 물의 양이 같아야 하겠지요. 그러나 결과는 그렇지 않았어요.

엄청난 부피다.

뭘 그렇게 쳐다봐. 뚱뚱한 하마 첨 보냐?

저 속에 물은 얼마나 남았을까?

물체의 부피가 클수록 넘치는 물의 양이 더 많을 수밖에 없답니다.

아르키메데스는 왕관에 금보다 가벼운 물질이 섞여 있다는 것을 알아냈어요. 금보다 밀도가 작기 때문에 더 많은 양을 섞어야 하므로 왕관의 부피가 순금의 부피보다 더 커진 것이지요. 아르키메데스는 금세공장이가 은을 섞어 왕관을 만들었다는 것을 알아냈어요. 이렇게 해서 금세공장이의 속임수는 들통 나게 되었지요.

부력

물속에서는 몸이 가볍게 느껴지지요? 물체의 무게와 반대 방향으로 물 위로 뜨려고 하는 힘이 물체에 작용하기 때문이지요. 이 힘을 부력이라고 해요.

물에 뜨는 물체든 가라앉는 물체든 똑같이 부력을 받아요. 그럼 왜 어떤 물체는 가라앉고 어떤 물체는 뜰까요? 그것은 부력과 무게의 힘겨루기 때문이며 다음과 같이 정리할 수 있어요.

● 부력과 무게가 같으면 물체는 뜬다.

부력과 무게가 크기는 같고 방향은 반대인 힘이므로 물체가 받는 힘의 합력은 0이지요. 그래서 물체는 떠 있게 되는 거예요.

● 무게가 부력보다 크면 물체는 가라앉는다.

이때는 무게에서 부력을 뺀 것이 힘의 합력이 되지요. 힘의 합력의 방향은 무게의 방향이므로 물체는 아래로 움직이지요. 하지만 부력 때문에 물체는 공기 중에서 떨어질 때보다는 천천히 떨어지지요.

순물질과 혼합물

바다에서 파도타기를 하다가 실수로 바닷물을 먹게 되면 짠맛을 느낄 거예요. 그것은 바닷물 속에 소금이 녹아 있기 때문이에요. 이렇게 두 가지 이상의 물질이 섞여 있는 것을 혼합물이라고 해요. 그럼 우리가 매일 마시는 수돗물은 물과 어떤 물질이 섞여 있을까요? 수돗물은 소독약 냄새가 나지요? 이것은 살균을 위해 염소를 넣기 때문이에요. 그러니까 수돗물도 혼합물이지요.

수돗물에서 순수한 물만 남겨 두고 나머지 물질들을 없앤 물을 증류수라고 해요. 증류수는 색깔이 없어 투명하고 맛이나 냄새가 없지요. 증류수처럼 하나의 물질로 이루어져 있는 물질을 순물질이라고 해요.

우리 주위에서 볼 수 있는 순물질에는 매니큐어를 지우는 데 쓰이는 아세톤이나 구리, 철과 같은 금속이 있지요. 하지만 대부분의 물질들은 혼합물이에요. 여러분이 매일 숨 쉬는 공기도 질소와 산소가 섞여 있는 혼합물이에요.

혼합물에서 순물질을 분리하기

혼합물에서 순수한 물질을 분리해 내는 여러 가지 방법에 대해 알아볼까요?

● 증발의 이용

순수한 물과 소금물은 먹어 보기 전에는 구별할 수 없어요.
그럼 어떻게 구별할까요? 그것은 데워 보면 알 수 있답니다.
순수한 물은 모두 증발되어 아무것도 남지 않지만 소금물에서
는 물만 증발되니까 소금이 바닥에 남지요. 이렇게 증발을 시
켜서 소금물에서 순수한 소금을 분리할 수 있어요.

● 밀도의 이용

미국 서부 시대에는 모래 속에서 금을 찾는 사람들이 많았
어요. 이런 금을 사금이라고 하지요. 어떤 원리로 금과 모래를
분리할까요? 금이 들어 있는 모래를 물과 함께 흘려보내 주면
금이 모래보다 밀도가 크니까 바닥에 가라앉을 거예요. 이렇
게 해서 모래 속에서 금을 분리할 수 있어요.

● 섞이지 않는 두 액체

석유통에 비가 몰아쳐서 물과 석유가 섞여 있을 때 어떻게
석유를 분리할까요? 간단해요. 물과 석유는 안 섞이고 석유의

밀도가 물보다 작다는 것을 이용하면 된답니다. 석유통을 얼마 동안 그대로 놔두면 밀도가 작은 석유는 물 위에 뜨니까 물과 석유를 분리할 수 있어요.

● 용해의 이용

소금을 가지고 가다가 실수로 땅에 떨어뜨렸어요. 소금과 흙이 범벅이 되어 버렸군요. 어떻게 소금만 분리할까요? 간단해요. 소금은 물에 잘 용해되지만 흙은 잘 용해되지 않지요. 그러니까 흙이 섞인 소금을 물에 붓고 거름종이를 통과시키면 물에 녹은 소금은 거름종이를 통과하지만 흙은 거름종이를 통과하지 못해요. 이제 소금물이 남았지요. 여기서 물을 증발시키면 순수한 소금을 얻을 수 있어요.

기체에 관한 사건

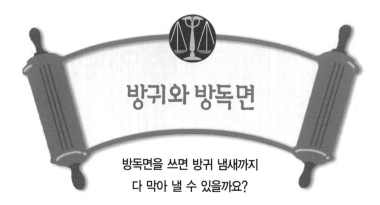

방귀와 방독면

방독면을 쓰면 방귀 냄새까지
다 막아 낼 수 있을까요?

방독면이란 무서운 독가스의 침투를 막을 목적으로 군대 또는 경찰들이 많이 사용하는 기구이다. 그런데 다막아라는 이름의 방독면 회사에서는 다음과 같은 광고를 냈다.

우리 방독면 다막아 77은 이 세상 모든 기체로부터 당신을 보호합니다.

이 광고는 선풍적인 인기를 끌었다. 그래서 다막아 방독면 회사는 단숨에 판매량 1위에까지 오르게 되었다.

그로 인해 피해를 보는 쪽은 그동안 방독면 판매에서 선두를 달리던 안티 가스라는 회사였다. 안티 가스는 다막아 77의 돌풍 때문에 자사 제품으로 그동안 많은 사랑을 받아 온 안티 가스 88의 판매가 급격하게 줄어들어 심한 타격을 입었다.

그러던 어느 날 안티 가스의 방독면 연구원인 안가스 씨는 다막아 77의 성능을 조사하기 위해 조수인 이방구 씨와 함께 기체실로 들어갔다. 평소 방귀를 자주 뀌는 이방구 씨는 기체실에서도 여전했다. 두 사람이 방독면을 쓰고 밀폐된 기체실로 들어가자마자 '뽀옹' 하는 이방구 씨의 방귀 소리가 들렸다.

"방독면을 썼으니까 냄새 걱정은 없겠군!"

안가스 씨는 속으로 이렇게 중얼거렸다. 하지만 안가스 씨의 생각은 착각이었다. 엄청난 방귀 냄새가 콧속으로 밀려온 것이었다.

"뭐야? 불량품이잖아?"

안가스 씨는 이렇게 생각하고는 다막아 77 몇 개를 구입해 다시 방귀 실험을 했다. 하지만 다막아 77은 방귀 냄새를 막지 못했다. 이에 안가스 씨는 다막아 77이 모든 기체를 막는다는 광고는 허위라며 다막아 회사를 화학법정에 고소했다.

방귀 속에는 질소, 이산화탄소 등 40여 종의 기체가 들어 있습니다.
그런데 냄새를 일으키는 것은 암모니아와 황의 화합 물질 등 6종류입니다.

방귀와 방독면은 서로 어떤 관계가 있을까요? 화학법정에서 알아봅시다.

화학짱 판사

화치 변호사

케미 변호사

재판을 시작하겠습니다. 피고 측 변론하세요.

다막아 77이 방귀 냄새를 막지 못한다는 것은 있을 수 없는 일입니다. 다막아 77은 모든 종류의 방독면 테스트에서 1등으로 QQ마크를 받았습니다. 이런 환상적인 제품이 방귀 정도야 당연히 막는 거 아니겠어요?

원고 측 변론하세요.

방귀 연구소 소장인 김방귀 씨를 증인으로 요청합니다.

'뽀옹' 하는 소리와 함께 법정 안을 방귀 냄새로 진동시키면서 지저분한 외모의 40대 남자가 증인석에 앉았다.

에구, 냄새, 정말 지저분한 증인이군!

방귀는 우리의 친구입니다.

당신이나 친구하쇼! 변호사 빨리 진행하시오.

방귀는 왜 냄새가 나는 거죠?

방귀 속에는 질소, 이산화탄소 등 40여 종의 기체

가 들어 있습니다. 그런데 냄새를 일으키는 것은 암모니아와 황의 화합 물질 등 6종류이지요. 그중 인돌과 스카톨이라는 물질은 아주 고약한 냄새를 만들어 냅니다.

🐶 그럼 방독면이 이들을 막지 못한다는 건가요?

😮 결론적으로 그렇습니다. 방독면에는 활성탄소와 금속 촉매로 이루어진 정화통이 있습니다. 방독면 정화통은 사린 가스와 같은 유독한 가스를 막아 줍니다. 냄새의 경우에도 방독면은 향수, 신김치, 청국장 등의 냄새를 모두 막을 수 있습니다. 하지만 방귀는 막지 못합니다.

🐶 그건 왜죠?

😮 바로 인돌과 스카톨 때문입니다. 이들 두 물질은 아주 고약한 냄새를 만드는데 특히 스카톨은 아주 작은 양만 있어도 사람이 냄새를 느끼게 되지요. 그런데 방독면의 정화통이 스카톨을 모두 막을 수 없기 때문에 방귀 냄새를 못 막는 것입니다.

🐶 잘 알겠습니다. 증인의 말처럼 방귀는 기체 상태입니다. 그런데 방독면이 방귀를 못 막으니 다막아 77은 모든 기체를 막지 못하지요. 그러므로 다막아 77의 광고는 허위 광고입니다. 이것이 저의 결론입니다.

🐨 판결합니다. 모든 기체를 막는다 함은 예외가 없어야 합니다. 즉 어떤 기체도 방독면 안으로 들어가서는 안 되지요. 하지만 증인의 말처럼 기체 상태의 방귀를 다막아 77이 못 막으므로 이

런 제품명과 광고는 적당하지 않다고 봅니다. 그러므로 다막아 77을 '방귀 빼고 다막아 77'로 변경할 것과 광고 카피를 수정할 것을 판결합니다.

그 후 다막아 77은 방귀 빼고 다막아 77로 바뀌었고 광고는 다음과 같이 바뀌었다.

우리 방독면 방귀 빼고 다막아 77은 방귀를 제외한 이 세상 모든 기체로부터 당신을 보호합니다. 방귀 조심하세요!

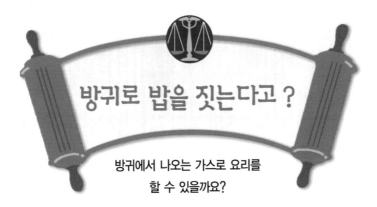

방귀로 밥을 짓는다고 ?

방귀에서 나오는 가스로 요리를
할 수 있을까요?

**사건
속으로**

과학공화국의 조그마한 마을에 사는 김방구 씨는 하루
종일 방귀를 뀌어 댔다. 김방구 씨뿐 아니라 아내인 방귀
자 씨의 두 아들인 김냄새와 김가스도 방귀라면 남에게
지지 않았다.

이들 가족 전체가 뀌는 방귀의 양은 대단하여 하루에 수
십 리터의 방귀를 모을 수 있을 정도였다.

그런데 이렇게 지저분한 집안이 아이로니컬하게도 식당
을 운영하고 있었다. 이들이 운영하는 식당의 이름은 '가스레스토랑'인데 주로 가스레인지를 이용하여 조리하는 해물 철판 요릿집이었다.

김방구 씨의 훌륭한 요리 솜씨로 '가스레스토랑'은 과학공화국 전국에서 가장 맛있는 식당 중의 하나로 선정될 정도였다. 두 아들과 아내는 식당에서 서빙이나 다른 일을 하면서 이 식당은 가족 운영 체제로 진행되었다.

그런데 이 가족에게는 문제가 있었다. 그것은 수시로 튀어나오는 방귀가 손님들에게 퍼지는 것을 막는 일이었다. 그리하여 이들은 아이디어를 냈는데 그것은 바로 자신들의 방귀를 모아 두는 방귀 탱크를 설치하는 것이었다. 이렇게 모여진 방귀에 조금씩 불을 붙여 가스레인지로 사용하여 이 식당은 가스비를 절약할 수 있었고 이로 인해 다른 식당들보다 저렴한 가격으로 음식을 팔 수 있었다.

이들이 방귀로 요리한다는 사실을 우연히 알게 된 이웃 철판집 주인은 지저분한 방귀로 조리하는 것은 식품위생법 위반이라며 이들을 화학법정에 고소했다.

사람의 몸 밖으로 배출되는 기체로는 질소, 이산화탄소와 방귀 등이 있습니다.
그중 불이 붙는 기체는 방귀 속의 메탄가스입니다.

방귀로 밥을 지을 수 있을까요? 화학법정에서 알아봅시다.

 재판을 시작합니다. 원고 측 변론하세요.

 어휴! 오늘은 완전히 냄새나는 재판이네. 방귀! 정
말 재수 없는 기체잖아? 판사님 이런 재판을 꼭해
야 합니까?

 해야 합니다.

방귀는 냄새나는 독한 기체입니다. 이걸로 밥을 지
어 사람들에게 파는 것은 있을 수 없는 일입니다.
그러므로 피고인 가스레스토랑을 엄벌에 처해 주십
시오.

 또 내용 없군! 피고 측 변론하세요.

 방귀 연구소의 김방구 씨를 증인으로 신청합니다.

김방구 씨가 증인석에 앉았다.

방귀가 연료가 될 수 있습니까?

그렇습니다.

어떻게 그럴 수 있지요?

기체는 크게 두 종류로 나눌 수 있습니다. 불이 잘
붙는 기체와 불이 안 붙는 기체이지요. 그런데 방귀

속에 들어 있는 메탄가스는 불이 잘 붙는 기체입니다.

아하! 그렇군요. 그렇다면 위험하지는 않습니까?

물론 불이 잘 붙는 모든 기체들 그러니까 수소나 프로판가스나 메탄가스 모두 조심스럽게 다루어야 합니다. 한꺼번에 불을 붙이면 큰 폭발이 발생해 주위를 모두 태워 버릴 수 있기 때문이지요.

잘 알았습니다. 존경하는 재판장님. 사람의 몸 밖으로 배출되는 기체로는 질소, 이산화탄소와 방귀 등이 있습니다. 그중 불이 붙는 기체는 방귀 속의 메탄가스입니다. 피고인 가스레스토랑의 김방구 사장은 인간으로부터 나오는 방귀의 메탄가스를 이용하여 열을 얻어 음식을 만들었으므로 이는 에너지 절약에 큰 기여를 하는 일이라고 생각합니다. 그러므로 김방구 씨의 무죄를 주장합니다.

판결하겠습니다. 우리는 지금 에너지가 부족한 시대에 살고 있습니다. 이런 시대에 몸 밖으로 배출되는 가스를 다시 에너지로 활용하려는 김방구 씨의 시도는 권장할 만한 일이라고 생각합니다. 그러므로 이번 사건에 대해 원고 측의 주장은 이유가 없다고 판결합니다.

재판 후 김방구 씨의 레스토랑은 더욱더 장사가 잘 되었으며 김방구 씨는 에너지 협회로부터 공로상을 받았다.

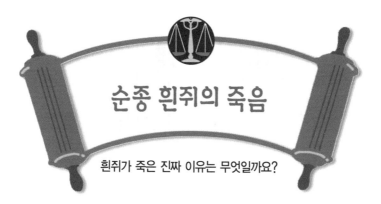

순종 흰쥐의 죽음

흰쥐가 죽은 진짜 이유는 무엇일까요?

**사건
속으로**

서생원 씨는 애완용 흰쥐를 키우고 있었다. 작은 흰쥐는 순종이라 아름답고 부드러운 털을 가지고 있어 서생원 씨는 흰쥐를 아주 사랑했다.

그러던 어느 날 서생원 씨가 갑자기 외국으로 출장을 가게 되었다. 그는 친구인 고양희 씨를 만났다.

"내 흰쥐를 이틀만 보살펴 주게. 자네도 알다시피 동물을 데리고 외국을 나갈 수는 없지 않나."

서생원 씨가 사정했다.

"그건 그렇지…… 하지만 난 쥐에 대해 아무것도 몰라서……."

고양희 씨가 마지못해 서생원 씨의 제안을 받아들였다.

이리하여 서생원 씨는 흰쥐를 고양희 씨에게 이틀간 맡기고 출장을 떠났다.

고양희 씨는 흰쥐를 투명한 유리 상자 안에 넣고 뚜껑을 닫았다. 아직 끼니를 줄 때가 아니었으므로 흰쥐에게 신경 쓸 필요가 없다고 생각한 고양희 씨는 거실 소파에 누워 낮잠을 잤다.

한 세 시간쯤 자고 일어나 유리 상자를 보니 흰쥐도 바닥에 엎으려 자고 있었다.

다음 날 아침 고양희 씨는 유리 상자 안에 죽어 있는 흰쥐를 발견했다.

"어떻게 된 거지?"

고양희 씨는 흰쥐가 죽어 있는 게 도무지 이해할 수 없었다.

하지만 다음 날 출장에서 돌아와 자신의 순종 흰쥐가 죽어 있는 것을 본 서생원 씨는 고양희 씨의 부주의 때문에 흰쥐가 죽었다며 고양희 씨를 화학법정에 고소했다.

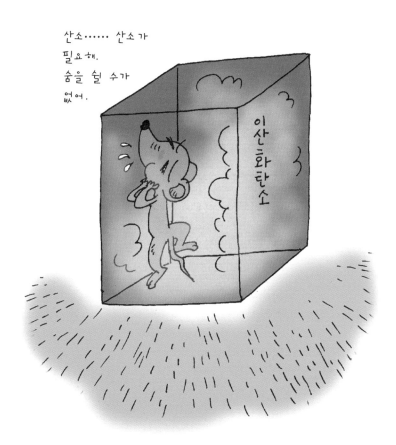

생물이 호흡하는 방법은 공기 속의 산소를 마시고 이산화탄소를 내뱉지요.

서생원 씨의 흰쥐는 왜 죽었을까요? 화학법정에서 알아봅시다.

 재판을 시작하겠습니다. 피고 측 변론하세요.

 고양희 씨가 무슨 책임이 있습니까? 쥐가 죽을 때
가 되어 죽은 걸 가지고 말입니다. 이건 쥐를 맡아
준 친구에 대한 예의가 아니지요. 고맙다고는 못할
망정 고소라니요? 아무튼 고양희 씨는 무죄입니다.

정말 성의가 없어! 원고 변론!

 판사님! 쥐는 생물입니까, 무생물입니까?

우와! 너무 쉬운 문제군! 생물.

맞습니다. 생물의 호흡하는 방법은 공기 속의 산소
를 마시고 이산화탄소를 내뱉지요.

그런데요?

바로 이 산소가 생물인 흰쥐를 죽인 것입니다.

그게 무슨 말이죠?

유리 상자 속에 산소가 없어서 흰쥐는 죽은 것이라
는 뜻입니다.

유리 상자에 왜 산소가 없죠? 그곳에는 공기가 없
나요?

쥐를 유리 상자에 처음 넣었을 때는 있었지요. 하지
만 쥐가 밀폐된 유리 상자에서 숨을 쉬면 유리 상자

안의 공기 중 산소는 줄어들게 되고 쥐가 내뱉은 이산화탄소가 늘어나지요. 그러다 보면 용기 안에는 산소가 아닌 질소와 이산화탄소만이 남게 되는데 이것으로는 쥐나 사람 같은 생물이 숨을 쉴 수 없어 흰쥐가 죽은 것입니다.

판결하겠습니다. 사람도 밀폐된 장소에 오래 있으면 그곳의 산소가 점점 줄어들어 질식사할 수 있습니다. 쥐의 경우도 마찬가지이지요. 고양희 씨가 이런 사실을 조금만 세심하게 신경 썼더라면 친구인 서생원 씨의 쥐를 죽이는 일은 없었을 것입니다. 그러므로 고양희 씨에게 책임을 묻지 않을 수 없습니다.

재판이 끝난 후 고양희 씨는 서생원 씨에게 정중하게 사과했다. 그리고 두 사람의 우정은 다시 회복되었다.

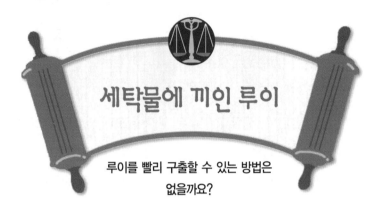

세탁물에 끼인 루이

루이를 빨리 구출할 수 있는 방법은
없을까요?

**사건
속으로**

켐스 마을에는 일곱 살 난 꼬마 소년 루이가 엄마와 단둘
이 살고 있었다. 루이는 동네에서도 소문난 개구쟁이였다.
그날도 엄마가 빨래를 하는 동안 루이는 거실을 돌아다
니면서 무슨 장난을 칠까 궁리했다.

"삐옹삐옹."

루이는 자신이 가장 좋아하는 소방차를 굴리며 거실을
온통 난장판으로 만들고 있었다.

"저게 뭐지?"

루이의 눈에 조그만 구멍 하나가 보였다. 구멍은 동그란 입구를 동그란 모양의 뚜껑으로 막고 있었다.

동그란 뚜껑을 위로 젖힌 루이는 구멍을 향해 소방차를 있는 힘껏 굴렸다. 소방차는 빠르게 달려 구멍으로 골인했다. 개구쟁이 루이는 주저하지 않고 자신도 구멍으로 뛰어들었다.

그런데 그 구멍은 바로 지하 세탁물 보관소로 이어지는 세탁물 통로였다.

"아아…… 아!"

세탁물 통로에 빠진 루이는 비명을 질렀다. 루이의 비명 소리를 들은 엄마는 급히 소리가 나는 곳으로 달려갔다. 그리고 바로 구급대에 도움을 요청했다.

구급대에는 최근에 입사한 까무라는 이름의 구급대원 한 명만 있었다. 다른 대원들은 모두 화재 현장으로 출동했기 때문이었다. 연락을 받고 출동한 까무는 세탁물 통로에 세탁물과 엉켜 있는 루이를 발견했지만 아직 초보자인 탓에 루이를 어떻게 구출해야 할지를 몰랐다. 통로를 미끄러져 내려가면 지하에 있는 세탁물 보관소의 통으로 떨어지기 때문에 루이를 구출할 수 있지만 세탁물이 막혀 있어 힘든 일이었다.

이렇게 까무가 쩔쩔 매는 사이에 어두운 통로에 갇혀 있던 루이는 놀라서 실신했다.

한참 뒤에 베테랑 구조대원이 와서 루이를 구출했지만 루이의 엄마

베이킹파우더에 식초를 넣으면 이산화탄소가 발생하고
이것이 걸레와 뚜껑 사이에 잔뜩 생겨 압력이 높아집니다.

는 구조대원 까무 때문에 아들이 실신하여 입원했다며 그를 화학법
정에 고소했다.

**여기는
화학법정**

루이를 좀 더 빨리 구출할 수 있는 방법은 없을까요? 화학법
정에서 알아봅시다.

재판을 시작하겠습니다. 피고 측 변론하세요.

모든 잘못은 개구쟁이 루이가 저지른 겁니다. 그런
데 구조대원 까무가 왜 책임져야 합니까? 이것은
불공평합니다. 까무는 최선을 다했지만 장비가 없
고 초보라서 베테랑 구조대원이 올 때까지 기다린
것뿐이지요. 만일 까무가 루이를 구하려고 나섰다
가 오히려 루이가 다쳤을지도 모르잖아요? 그러
니까 까무 요원은 침착하게 잘한 겁니다. 이상입
니다.

화학짱 판사

화치 변호사

케미 변호사

원고 측 변론하세요.

이산화탄소 연구소의 시오트 박사를 증인으로 요청
합니다.

검은 피부에 윤기가 흐르는 30대 중반의 남자가 증인석에 앉았다.

🐶 이산화탄소 연구소는 뭐지요?

🧑 기체 이산화탄소에 대한 모든 것을 연구하는 곳입니다.

🐶 이산화탄소라…… 좀 더 알기 쉽게 설명해 주세요.

🧑 이산화탄소는 탄소 원자 한 개와 산소 원자 두 개로 이루어진 화합물이지요. 공기 중에 아주 작은 양이 포함되어 있는 눈에 보이지 않는 기체입니다.

🐶 이산화탄소와 이번 사건과 무슨 관계가 있지요?

🧑 제가 경찰의 부름을 받아 현장에 갔다면 루이를 좀 더 빠르게 구출할 수 있는 방법이 있었습니다.

🐶 어떤 방법이지요?

🧑 베이킹파우더와 식초를 이용하는 겁니다.

🐶 베이킹파우더라면 빵을 부풀게 만드는 것이잖아요?

🧑 그렇습니다. 이 두 가지만 있으면 루이를 구출할 수 있었습니다.

🐶 좀 더 알기 쉽게 설명해 주세요.

시오트 박사는 대포 모양의 동그란 원통을 가지고 왔다. 그 통은 한쪽은 열려 있고 반대쪽은 뚜껑이 있었다. 이산화 박사는 열린 구멍에 걸레를 꼭 맞게 끼워 넣었다. 그리고 반대쪽 뚜껑을 열어 베이킹파우더를 붓고 그다음 식초를 붓고 뚜껑을 닫았다. 잠시 후 펑 소리와 함께 걸레가 튀어나가 판사의 얼굴에 명중했다.

🐶 에 퉤퉤! 지금 뭐하는 거요?

🐑 죄송합니다. 그리로 걸레가 날아갈 줄은 몰랐습니다.

🐑 조심하세요.

🐶 그런데 통 안에 있던 걸레가 어떻게 날아간 거죠?

🐑 기체의 압력 때문입니다.

🐶 기체라면……

🐑 베이킹파우더에 식초를 넣으면 이산화탄소가 발생하는데 이것이 걸레와 뚜껑 사이에 잔뜩 생겨 압력이 높아지면서 걸레가 뚜껑을 밀고 튀어나가게 된 것이지요.

🐶 우와! 이 원리를 이용하면 총도 만들 수 있겠군요.

🐑 물론입니다.

🐶 그럼 이제 루이를 구할 수 있는 간단한 방법을 알려 주시죠.

🐑 지금 보여 드렸잖아요?

🐶 뭘 보여 줬다는 거죠?

🐑 루이는 세탁물 통로에 세탁물과 함께 걸레처럼 끼여 있었어요. 그러니까 통로에 베이킹파우더와 식초를 있는 대로 붓고 입구를 막으면 이산화탄소의 압력이 높아져 루이는 세탁물과 함께 미끄러져 내려갔을 것입니다. 그럼 루이는 구조되는 것이죠.

🐶 그런 방법이 있었군요! 존경하는 재판장님! 구조대원 까무가

이 방법을 알았다면 좀 더 빨리 루이를 고통 속에서 구해 낼 수 있었을 것입니다. 명색이 구조대원이 이런 위기 대처 요령을 몰랐다는 것은 과학공화국 구조대원의 수치입니다. 그러므로 중징계를 내려 주시기 바랍니다.

판결합니다. 구조대원은 몸으로만 뛰는 게 아니라 많은 과학 공부를 게을리 하지 않았어야 할 것입니다. 그런 면에서 까무 대원에게 루이 군 사건의 책임을 묻지 않을 수 없군요. 하지만 가벼운 잘못이고 루이 군이 크게 다친 것은 아니니 이번만은 선처하고 좀 더 구조 화학에 대한 공부를 하도록 명령하겠어요.

재판 후 까무는 루이가 입원한 병원에 매일 찾아가 함께 놀아 주었다. 그리고 그의 손에는 항상 《구조 화학》이라는 책이 들려 있었다.

낭만적인 하트 에그

달걀 속에 글씨를 쓸 수 있을까요?

**사건
속으로**

과학공화국 중부에 위치한 에그 마을 사람들은 달걀 요리를 참 좋아하는데 그중에서도 삶은 달걀은 그들이 가장 좋아하는 음식이었다. 그래서인지 삶은 달걀 전문 식당들이 에그 마을에 많이 모여 있었고 전국 각지에서 에그 마을의 삶은 달걀을 맛보기 위해 많은 사람들이 몰려들었다.

그러던 어느 날 에그 마을에 23살의 젊은 청년이 운영하는 새로운 삶은 달걀 식당인 '하트 에그'라는 식당이 생졌다. 청년은 대학에서 화학을 공부한 나달걀인데 그는 화학을 이용하여 삶은 달걀에 튜닝을 할 수 있다고 광고를 했다.

한참 신발 튜닝이다 자동차 튜닝이다, 교과서 튜닝이다 해서 튜닝이 인기를 끌고 있던 터라 삶은 달걀의 튜닝이 어떤 것인지 궁금해 한 많은 사람들이 그의 가게로 몰려들었다.

그의 가게는 반드시 연인들만을 입장시켰고 삶은 달걀을 남자가 선물하면 그 자리에서 여자가 삶은 달걀을 까서 먹는 이벤트를 진행했다. 그것이 바로 사랑의 삶은 달걀 이벤트였다.

많은 연인들이 나달걀의 하트 에그로 몰려들었다. 드디어 어떤 한 남자가 나달걀이 건네준 삶은 달걀을 사랑하는 여자에게 건넸다. 그녀는 조심스럽게 달걀 껍질을 벗겼는데 놀랍게도 삶은 달걀에는 '사랑해' 라는 검은 글씨가 씌어 있었다.

그녀는 삶은 달걀 프러포즈에 감동을 받았고 이 장면을 지켜본 많은 연인들이 삶은 달걀 프러포즈를 하기 위해 줄을 섰다.

이로 인해 에그 마을의 다른 달걀 가게들은 파리를 날리게 되었고 결국 그들은 나달걀을 사기 혐의로 화학법정에 고소했다.

빙초산과 달걀 껍질을 이루는 탄산칼슘의 반응으로 껍질 내부에
이산화탄소를 발생시킵니다. 이 압력을 통해 달걀 속에 글씨가 새겨지게 됩니다.

나달걀은 어떻게 달걀흰자에 글씨를 썼을까요? 화학법정에서 알아봅시다.

화학짱 판사

화치 변호사

케미 변호사

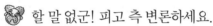 재판을 시작하겠습니다. 먼저 원고 측 변론하세요.

아니 나달걀 씨는 마술사입니까? 아님 마법사 해리 포터입니까? 둘 다 아니라면 어떻게 껍질 속에 글씨를 쓸 수 있는 거죠? 필시 이는 대단한 사기극이라고 여겨집니다. 그러므로 원고 측 주장대로 나달걀 씨를 사기죄로 결정하고 끝내는 게 어떨까요? 판사님!

할 말 없군! 피고 측 변론하세요.

이번 사건은 아주 재미있고 신나는 과학이 숨어 있는 사건입니다. 그럼 증인으로 나달걀 씨를 요청합니다.

얼굴이 달걀처럼 갸름한 20대 후반의 꽃미남 청년이 증인석에 앉았다.

증인은 어떻게 삶은 달걀의 흰자에 글씨를 쓸 수 있지요?

간단합니다. 화학을 이용하면 되지요.

🧑‍🦱 어떤 화학을 이용하지요?

🧑 이산화탄소가 생기게 하는 것입니다.

🧑‍🦱 구체적으로 설명해 주세요.

🧑 저는 삶은 달걀의 껍질에 빙초산으로 '사랑해'라고 썼습니다. 그러면 빙초산과 달걀 껍질을 이루는 탄산칼슘이 반응을 일으켜 껍질 내부에 이산화탄소를 발생시킵니다. 그 압력으로 흰자에 글씨가 새겨지는 것이지요.

🧑‍🦱 재미있군요! 존경하는 재판장님! 지금 나달걀 씨는 빙초산과 탄산칼슘의 반응에서 발생하는 이산화탄소를 이용하여 아름다운 이벤트 달걀을 만들어 냈습니다. 이것이 과학의 힘…… 화학의 힘이지요. 저는 나달걀 씨를 화학의 생활화에 앞장선 공로로 표창을 해야 한다고 생각합니다.

🐨 판결합니다. 케미 변호사의 말처럼 화학을 생활에 이용하여 멋진 발명을 하는 것은 이 나라의 화학 발전과 대중화에 큰 기여를 한 것이라 생각합니다. 앞으로도 나달걀 씨처럼 화학을 이용하여 새로운 아이템을 만들어 내는 사람들이 많이 나오기를 기대하며 나달걀 씨의 무죄를 판결합니다.

재판 후 나달걀 씨는 케미 변호사의 추천으로 생활 화학상 후보에 올랐다. 그리고 그해 겨울 그는 대망의 생활 화학상을 수상했다.

기체 이야기

공기를 이루는 기체

이제 눈에 보이지 않는 공기를 이루는 기체들의 조성을 알 아보겠습니다. 공기는 기체들의 혼합물입니다. 주성분은 질소 와 산소이고 소량의 이산화탄소, 아르곤 등을 포함하지요. 그 러나 때와 장소에 따라 수증기, 아황산가스, 일산화탄소, 암모 니아, 탄화수소 등의 기체 또는 먼지, 꽃가루, 미생물, 염화물 등의 무기물, 타르 성분 등을 포함하고 있습니다.

순수한 공기의 성분비를 보면 질소와 산소가 약 99%를 차 지합니다. 즉, 공기의 주성분은 부피로 볼 때 질소가 78.1%, 산소가 21.0%이며, 여기에 아르곤이 약 1%, 이산화탄소가 0.03%를 차지하고 있다. 그 외에도 공기는 다른 성분을 포함 하지만 이들 네 가지 성분을 제외하면 나머지는 아주 작은 양 이지요. 이들 작은 양의 성분으로는 네온, 헬륨, 메탄, 크립톤, 수소, 일산화질소, 일산화탄소, 오존 등이 있습니다.

산소

산소는 우리가 숨을 쉬는 데 반드시 필요한 기체입니다. 산소는 1774년 프리스틀리가 발견한 것으로 알려져 있습니다. 프리스틀리는 지름이 12센티미터인 렌즈로 햇빛을 모아 산화수은을 아주 높은 온도로 가열했어요. 이 실험은 밀폐된 용기 속에서 이루어졌는데 이 반응에서 나온 기체가 바로 산소입니다.

물질이 탄다는 것은 산소와 화합하는 것이죠. 즉 산소는 물질이 타는 것을 도와주는 기체입니다. 그러므로 산소가 없다면 어떤 물질도 탈 수 없습니다.

프리스틀리는 산소 기체 속에 쥐를 집어넣어 보았습니다. 그러자 쥐는 보통의 공기 속에서보다 더 활발하게 움직였지요. 밀폐된 유리 용기 안에 보통의 공기가 들어 있다면 쥐가 15분 정도 숨을 쉴 수 있는 데 반해 산소가 들어 있는 유리 용기 안의 쥐는 45분 동안 숨을 쉴 수 있었지요. 프리스틀리는 산소가 굉장히 좋은 기체라고 생각하고 산소를 직접 마셔 보고는 가슴이 상쾌해지는 기분을 느낄 수 있었다고 합니다.

그러나 사실 산소를 처음 발견한 사람은 스웨덴의 셸레입니다. 그는 평생을 보잘것없는 약제사 조수로 일했습니다. 셸레

아~ 산소가 없어서
숨을 쉴 수가 없어.

불도 붙일 수가 없어.

흠,흠 산소가 많으니까
잘 타네.

아~ 상쾌해.

산소는 물질이 타는 것을 도와주는 기체입니다.

는 약을 만들기 위해 하루 종일 화학물질들을 섞어야 했지요. 그는 틈틈이 화학 연구를 하여 염소, 바륨, 망간, 질소 등을 발견하기도 했습니다.

1771년 셀레는 산화수은을 가열하여 산소를 발견하고 이 내용을 담은 책을 출판하려 했습니다. 하지만 스웨덴의 유명한 과학자인 베리만이 책의 머리말을 1777년까지 써 주지 않아 1777년이 되어서야 비로소 셀레의 산소 발견 실험이 세상에 알려지게 되었지요. 하지만 그때는 사람들이 프리스틀리가 산소를 발견한 것으로 인정해 주고 있었지요. 그래서 셀레는 산소의 최초 발견자 자리를 프리스틀리에게 내주어야만 했습니다.

질소

이번에는 공기 속에 가장 많이 들어 있는 질소에 대한 이야기를 하겠습니다. 질소는 영국의 화학자 러더퍼드가 발견했지요. 러더퍼드는 공기 중에서 산소를 제외한 부분에 대해 궁금해했습니다.

1772년 러더퍼드는 공기가 든 용기 속에서 쥐가 더 이상 숨을 쉴 수 없을 때까지 쥐를 가두었습니다. 그는 죽은 쥐를 용기에서 꺼냈습니다. 이제 용기 안의 공기에는 산소가 모두 사라진 셈이지요. 이때 남은 기체가 바로 질소입니다.

질소만으로 이루어진 곳에서는 물질이 타지 않습니다. 밀폐된 방에는 제한된 양의 공기가 있습니다. 그러므로 제한된 양의 산소가 있지요. 이런 곳에서 물질을 태우면 물질과 산소가 화합하므로 점점 산소의 양이 줄어들게 됩니다. 물론 유리창이 있는 방이라면 유리창을 열어 외부의 공기가 들어와 충분한 산소를 다시 공급할 수 있겠지요. 하지만 유리창이 없는 지하 방에서 문을 닫아 놓고 물질을 태우면 산소의 양이 점점 줄어 사람이 숨을 쉴 수 없게 되어 생명이 위험할 수 있습니다.

보통 화재 현장에서 많은 사람들이 죽는 것은 불에 탄 물질들이 제한된 양의 산소를 빼앗아 가기 때문에 사람들이 숨을 쉬지 못해서이지요. 그래서 지하철 화재에서 탈출한 사람들에게는 산소 공급이라는 응급조치를 취해 주게 됩니다.

이산화탄소

이번에는 이산화탄소에 대한 이야기를 하겠습니다. 이산화탄소는 탄소와 산소의 화합물이지요. 이산화탄소는 1756년 블랙에 의해 발견되었어요. 그는 염기성 탄산마그네슘을 강하게 가열하였더니 질량의 12분의 7이 감소했다는 사실을 알아냈지요. 그는 손실된 질량만큼 공기로 빠져나갔다고 믿었는데 이 기체가 바로 이산화탄소입니다.

이산화탄소에 대한 연구를 더 많이 한 과학자는 프리스틀리입니다. 1767년 프리스틀리는 리즈에 있는 밀힐 교회의 목사였는데 교회 주위에는 양조장이 있어 발효 과정에서 이산화탄소가 많이 발생했습니다.

그는 이 기체를 모아 그 성질을 알아보았습니다. 그는 이 기체 속에 생쥐를 넣었더니 생쥐가 바로 죽었고 이 기체 속에서는 불이 꺼진다는 것을 알아냈습니다. 하지만 이 기체는 식물에게는 없어서는 안 될 기체라는 것을 알아냈습니다. 즉 식물은 이 기체 속에서 오히려 더 잘 자란다는 것을 알아냈지요.

프리스틀리는 또한 콜라와 사이다와 같은 탄산음료를 처음 발명한 사람입니다. 탄산음료는 이산화탄소가 물에 녹아 있는 음료이지요. 이렇게 물에 다른 물질이 녹아 있는 것을 용해라고 합니다. 예를 들어 설탕물은 물에 설탕이 용해되어 있지요. 하지만 이산화탄소와 같은 기체는 설탕과 같은 고체보다 물에 녹기가 어렵습니다. 그러므로 외부에서 높은 압력으로 이산화탄소를 억지로 물속에 녹아 있게 하는 거지요.

콜라와 사이다 같은 탄산음료는 높은 압력으로 이산화탄소를 녹아 있게 한 물(소다수)에 다른 물질을 넣어 만든 음료수입니다. 그러므로 콜라나 사이다 병 속에는 공기의 압력이 높지요. 그 압력 때문에 이산화탄소가 녹아 있다가 뚜껑을 열면 병 속의 공기가 대기로 날아가 압력이 낮아지므로 음료 속의 이산화탄소가 대기로 빠져나가면서 주위의 음료를 밀어내지요. 그래서 콜라나 사이다는 음료의 알갱이가 위로 튀어 오르는 성질이 있답니다.

이산화탄소는 화산 지역에서 많이 발생합니다. 이산화탄소가 공기 중에 25%를 넘으면 사람들이 죽게 되는데 화산 지역의 동굴에서 잠을 자던 사람들은 이런 이유 때문에 죽기도

합니다.

 1986년 카메룬의 니오스 호수에서는 화산 폭발로 600만 톤의 이산화탄소가 한꺼번에 뿜어 나와 주위 마을을 덮쳐 1,700명의 주민이 목숨을 잃기도 했지요.

일산화탄소

 탄소와 산소의 화합물에는 이산화탄소만 있는 것은 아닙니다. 이산화탄소는 탄소 원자 한 개와 산소 원자 2개로 이루어진 화합물이지요. 이와는 달리 탄소 원자 한 개와 산소 원자 한 개로 이루어진 화합물이 있는데 이것을 일산화탄소라고 부릅니다.

 일산화탄소는 아주 작은 양만 마셔도 바로 목숨을 잃게 되는 무서운 기체입니다. 일산화탄소가 폐로 들어가면 핏속의 헤모글로빈과 결합하여 헤모글로빈의 활동을 방해하지요. 헤모글로빈은 온몸의 세포에 산소를 공급하는 역할을 하는데 일산화탄소와 결합한 헤모글로빈이 그 역할을 하지 못하므로 몸에 산소 공급이 중단되어 목숨을 잃게 되지요.

일산화탄소는 산소의 양이 충분하지 않을 때 물질을 태우면 발생하기 쉽습니다. 이런 연소를 불완전연소라고 부릅니다. 물질이 충분한 산소 공급으로 완전연소를 하면 이산화탄소가 발생하지만 불완전연소가 되면 무시무시한 일산화탄소가 발생한답니다.

화학과 친해지세요

이 책을 쓰면서 좀 고민이 되었습니다. 과연 누구를 위해 이 책을 쓸 것인지 난감했거든요. 처음에는 대학생과 성인을 대상으로 쓰려고 했습니다. 그러다 생각을 바꾸었습니다. 화학과 관련된 생활 속의 사건이 초등학생과 중학생에게도 흥미가 있을 거라는 생각에서였지요.

초등학생과 중학생은 앞으로 우리나라가 21세기 선진국으로 발전하기 위해 필요로 하는 과학 꿈나무들입니다. 그리고 지금과 같은 과학의 시대에 가장 큰 기여를 하게 될 과목이 바로 화학입니다.

하지만 지금의 화학 교육은 직접적인 실험 없이 교과서의 내용을 외워 시험을 보는 것이 성행하고 있습니다. 과연 우리나라에서 노벨 화학상 수상자가 나올 수 있을까 하는 의문이 들 정도로 심각한 상황에 놓여 있습니다.

저는 부족하지만 생활 속의 화학을 학생 여러분들의 눈높이에 맞추고 싶었습니다. 화학은 먼 곳에 있는 것이 아니라 우리 주변에 있다는 것을 알리고 싶었습니다. 이것이 바로 제가 이 책을 쓰게 된 계기가 되었습니다.

이 책을 읽고 화학의 매력에 푹 빠져 언제나 화학에 대한 궁금증을 가지고 살아갔으면 하는 것이 저의 바람입니다.